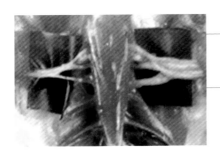

彩图6　鸡马立克氏病：患病鸡一侧坐骨神经肿粗

彩图7　禽流感：患病鸡下颌部高度肿胀与发热

彩图8　禽流感：患病鸡胸肌淤血，胸骨滑液囊组织黄色胶冻样浸润

彩图9　禽流感：患病鸡法氏囊出血

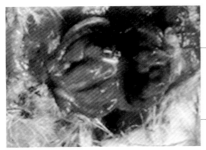

彩图10　鸡传染性法氏囊病：患病鸡黏膜水肿，黏膜表面附着多量奶油样黏液

彩图 11　鸡传染性法氏囊病：
患病鸡胸肌出血

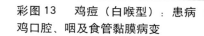

彩图 12　鸡传染性法氏囊病：患病
鸡龙骨两侧的胸部肌肉严重出血

彩图 13　鸡痘（白喉型）：患病
鸡口腔、咽及食管黏膜病变

彩图 14　鸡痘（皮肤型）：患病
鸡冠部病变

彩图 15　鸡传染性喉气管炎：
患病鸡精神沉郁，厌食，张口
喘气，咳嗽

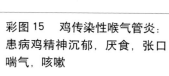

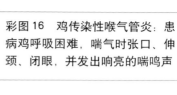

彩图 16　鸡传染性喉气管炎：患病鸡呼吸困难，喘气时张口、伸颈、闭眼，并发出响亮的喘鸣声

彩图 17　鸡传染性喉气管炎：患病鸡喉头气管黏膜出血，气管内有暗红色的血凝块

彩图 18　鸡传染性喉气管炎：患病鸡喉头黏膜出血，气管腔内有黄色柱状纤维素性渗出物

彩图 19　鸡传染性支气管炎：患病鸡呼吸困难，张口喘气

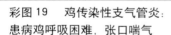

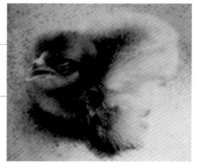

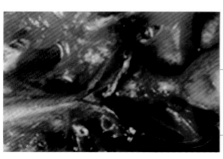

彩图 20　鸡传染性支气管炎：患病鸡支气管腔内有灰白色条索状干酪样渗出物

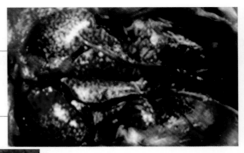

彩图 21　鸡传染性支气管炎：患病鸡肾脏肿大苍白，肾小管充满白色尿酸盐

彩图 22　鸡传染性鼻炎：患病鸡鼻窦部肿胀，眼和鼻孔周围有干酪样分泌物附着

彩图 23　鸡减蛋综合征：患病母鸡所产的蛋形状畸形、变小，卵壳褪色、粗糙、变软、变薄、易破碎

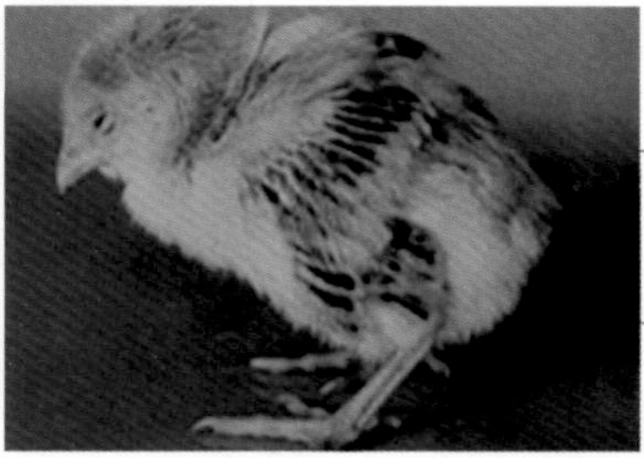

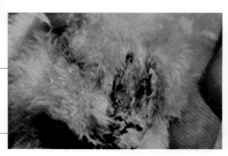

彩图 24　鸡白痢：病雏精神萎靡、衰弱

彩图 25　鸡白痢：病雏的泄殖腔及其周围的羽毛粘满白色粪便

新编鸡病诊疗手册

席克奇　曲祖乙　编著

科学技术文献出版社
SCIENTIFIC AND TECHNICAL DOCUMENTATION PRESS
·北京·

图书在版编目（CIP）数据

新编鸡病诊疗手册 / 席克奇, 曲祖乙编著. —北京：科学技术文献出版社，2015. 5

ISBN 978-7-5023-9603-9

Ⅰ. ①新… Ⅱ. ①席… ②曲… Ⅲ. ①鸡病—诊疗—手册 Ⅳ. ① S858.31-62

中国版本图书馆 CIP 数据核字（2014）第 271320 号

新编鸡病诊疗手册

策划编辑：乔懿丹　责任编辑：安　静　责任校对：赵　瑗　责任出版：张志平

出　版　者	科学技术文献出版社	
地　　　址	北京市复兴路15号　邮编100038	
编　务　部	（010）58882938，58882087（传真）	
发　行　部	（010）58882868，58882874（传真）	
邮　购　部	（010）58882873	
官方网址	www.stdp.com.cn	
发　行　者	科学技术文献出版社发行　全国各地新华书店经销	
印　刷　者	北京时尚印佳彩色印刷有限公司	
版　　　次	2015 年 5 月第 1 版　2015 年 5 月第 1 次印刷	
开　　　本	850×1168　1/32	
字　　　数	175千	
印　　　张	7.25　彩插4面	
书　　　号	ISBN 978-7-5023-9603-9	
定　　　价	19.00元	

前　言

近些年来,我国广大农村养鸡业飞速发展,逐渐步入规模化、集约化饲养和现代化生产,绝大多数的养鸡场和养鸡大户都取得了较好的经济效益。但是,随着养鸡生产的不断发展,也增加了种鸡、种蛋、鸡雏的流动性,为一些疫病的传播和流行创造了条件,尤其是饲养模式的改变,给养鸡生产带来了一些不可回避的问题,那就是疾病的流行更加广泛,多种疾病在同一个鸡场同时存在的现象十分普遍,混合感染十分严重,一些疾病出现了非典型和温和型,这一切都给养鸡场或养鸡大户的疾病控制提出了新问题,特别是很多疾病在临床上有很多相似的症状出现,给疾病的现场诊断带来很大困难。由于目前我国鸡场中疾病诊断仍然比较落后,尤其缺乏实验室诊断手段,不能及时、准确地对疾病进行确诊。但是,疾病发生后,迅速诊断是控制疾病的前提,尤其对于一些传染性疾病来讲,只有尽早做出诊断,及时采取有效措施,损失才能降低到最小。基于这种现状,我们编写了这本《新编鸡病诊疗手册》,期望能对养鸡生产者有所帮助。

本书第一章、第五章、第六章由席克奇编写,第二章、第三章、第四章由曲祖乙编写。在写作上力求语言通俗易懂,简明扼要,注重实际操作。在书中重点介绍了鸡病诊断及综合防治措施、鸡传染病的鉴别诊断与防治、鸡寄生虫的鉴别诊断与防治、鸡营养代谢病的鉴别诊断与防治、鸡中毒性疾病的鉴别诊断与防治、鸡其他普通病的鉴别诊断与防治等方面内容,可供养鸡生产者及畜牧兽医工作人员参考。

　　本书在编写过程中，曾参考一些专家、学者撰写的文献资料，因篇幅所限，未能一一列出，仅在此表示感谢。

　　由于作者的理论和技术水平有限，书中不妥、错误之处在所难免，敬请广大读者批评指正。

目　　录

第一章　鸡病诊断及综合防治措施

一、鸡病的诊断方法

诊断的目的是为了尽早地认识疾病,以便采取及时而有效的防治措施。只有及时正确的诊断,防治工作才能有的放矢,使鸡群病情得以控制,免受更大的经济损失。鸡病的诊断主要从以下四个方面着手。

(一)流行病学调查

有许多鸡病的临床表现非常相似,甚至雷同,但各种病的发病时机、季节、传播速度、发展过程、易感日龄、鸡的品种、性别及对各种药物的反应等方面各有差异,这些差异对鉴别诊断有非常重要的意义。如一般进行某些预防接种的,在接种免疫期内可排除相关的疫病。因此,在发生疫情时要进行流行病学调查,以便结合临床症状和化验结果,确定最后诊断。

(二)临床诊断

1. **现场观察**　首先观察了解周围环境,并着重观察鸡群在自然管理条件下,管理措施、饲养方式、垫料(垫料的种类、厚度、更换情况)、换气(换气方式和次数、通风系统工作情况,有否毒气等)、温度(鸡舍内不同位置的温度如何,保温和降温措施等)、光线强弱情况(光照时间长短、光照强度的大小)、饮水情况(水源、水质、饮水方法、饮水器种类以及饮水供应情况等)、饲料(饲料种类、数量、给料方法等)、饲槽(饲槽数量、规格等)、栖架(数量、样式、高度等)、饲养密度(鸡舍中有否分区和栅栏,1平方米饲养鸡只数)等。然后再仔细观察鸡群,即站在鸡舍内一角,不惊扰鸡群,静静窥视鸡群的生活状态,寻求各种异常表现,为进一步诊断提供线索。

2. 病鸡个体检查　对整群鸡进行观察之后,再挑选出各种不同类型的病鸡进行个体检查。这种检查,一般检查体温,接着检查全身各个部位。

(三)病理解剖检查

鸡体受到外界各种不利因素侵害后,其体内各器官发生的病理变化是不尽相同的。通过解剖,找出病变的部位,观察其形状、色泽、性质等特征,结合生前诊断,确定疾病的性质和死亡的原因,这是十分重要的。凡是病死的鸡均应进行剖检。有时以诊断为目的,需要捕杀一些病鸡,进行剖检。生前诊断比较肯定的鸡只,可只对所怀疑的病变器官做局部剖检,如果所怀疑器官找不到怀疑的病变或致死原因时,再进一步对全身做系统周密的检查。在鸡群生长发育和生产性能正常的情况下,突然有个别鸡死亡时,必须进行系统的全身剖检,以便随时发现传染病,找出病因,及时采取有效措施。

(四)实验室诊断

在诊断鸡病的过程中,对其中的有些疾病特别是某些传染病,必须配合实验室检查才能确诊。当然,有了实验室检查结果,还必须结合流行病学调查、临床症状和病理剖检结果再进行综合分析,切不可单靠化验结果就盲目做出结论。

二、鸡病的鉴别诊断

随着我国集约化养鸡的推进,鸡病的发生近年有了很大变化,临床上主要表现为非典型混合感染,而鸡病的临床表现和病理变化也变得错综复杂,这给鸡病的临床诊断带来了困难。尤其是一些新传染病的传入,给我国养鸡业也带来了巨大损失。对于家庭鸡场而言,在鸡病诊断中,鉴别诊断相对难度较大,但非常重要,必须给予高度重视。一些传染病的发生是有其特殊现象和规律的,无论从疾病主要侵害器官,还是相应产生的临床症状和流行病学特点等等,都具有其特点。可以说,每一种疾病的发生都不是危害单一系统的,根据病程和发病规律,鸡病的临床症状牵涉到至少2个或2个以上的系统,所以一定要准确地判断哪个是主要的受侵害系统,综合所有的症状来确定疾病。任何事物都不是孤立的,对于疾病的鉴别诊断更应该全面的考察,综合考虑,认真分析,必要时必须依靠科学的检测手段,才能确诊。

在鸡病的鉴别诊断中,尤其是大型养鸡场,要注意群发性疾病与散发性疾病的区别对待。群发性疾病带来的危害和损失巨大,对一些养鸡场可能构成致命性的损失,甚至导致养鸡场彻底垮掉。引起群发性的疾病主要考虑以下几方面的因素:一是传染性疾病,包括细菌性疾病和病毒性疾病;二是寄生虫病;三是营养代谢病;四是中毒性疾病。散发性疾病一般以普通病为主,如初生雏脐炎、脱肛、初产母鸡瘫痪症、肉鸡腹水症、肉仔鸡的腿病等,同时也包括一些传染病和寄生虫病的零星发生。传染病的发生特点一般是先有一部分鸡只发病,然后蔓延至整个鸡群和其他鸡舍,并伴随着传染性疾病的特征性变化。饲料因素引起的疾病一般全群同时发病,或使用同一批饲料的鸡同时发病,并伴有代谢性疾病的特征性变化。目前中毒性疾病的发生相对较少,但是由于使用药物不当而引起的中毒还应该引起注意,一般的情况不会引起全群发病,除非饲料内药物添加时剂量过大,可导致全群发病。

三、鸡病的综合防治

(一)预防鸡病的基本措施

1. 鸡场选址要符合防疫要求

(1)鸡场的场址应背风向阳,地势高燥,水源充足,排水方便。

(2)鸡场的位置要远离村镇、机关、学校、工厂和居民区,与铁路、公路干线、运输河道也要有一定距离。

2. 对饲养人员和车辆要进行严格消毒,切断外来传染源

(1)鸡场出入口大门应设置消毒池,池深约 30 厘米,宽约 4米,长度要达到汽车轮胎能在池内转到一周,池内消毒液可用 2%火碱或 3%来苏儿水。要注意定期更换消毒液,以使其保持杀菌能力。

(2)鸡舍出入口也应设置消毒设施,饲养人员出入鸡舍要消毒。

(3)外来人员一定要严格消毒后方可进入场区。

(4)鸡舍一切用具不得串换使用,饲养人员不得随意到本职以外的鸡舍。凡进入鸡舍的人员一定要更换工作服。

(5)周转蛋箱一般要用 2%火碱水浸泡消毒后,再用清水冲洗。装料袋最好本场专用,不能互相串换,以防带入病原。

3. 建立场内兽医卫生制度

(1)不得把后备鸡群或新购入的鸡群与成年鸡群混养,以防止疫病接力传染。

(2)食槽、水槽要保持清洁卫生,定期清洗消毒。粪便要定期清除。

（3）鸡转群前或鸡舍进鸡前要彻底对鸡舍和用具进行消毒。

（4）定期对鸡群进行计划免疫和药物防病，平养鸡要定期驱虫，疫苗接种是防止某些传染病发生的可靠措施，在接种时要查看疫苗的有效期、接种方法及剂量等。预防性用药是根据某些病的发病规律提前用药，应注意各种抗菌类药物交替作用，以防病原菌产生抗药性。

（5）养鸡场要重视和做好除鼠、防蚊、灭蝇工作。

4.加强鸡群的饲养管理，提高鸡的抗病能力

（1）选择优质的雏鸡。若从外场购进雏鸡，在准备进鸡前要了解所购雏鸡的种鸡场的建筑水平、饲养管理水平以及孵化水平，特别是种鸡场的卫生管理、种鸡的饲料营养和消毒情况对雏鸡的健康影响较大。如果种蛋消毒不严，孵化水平低，雏鸡白痢、脐炎就比较严重；种鸡不接种脑脊髓炎疫苗，就可能使雏鸡在1周龄内发生脑脊髓炎，优质雏鸡抗病力强，育雏成活率高。

（2）供给全价饲粮。饲粮的营养水平不仅影响鸡的生产能力，而且缺乏某些成分可发生相应的缺乏症。所以要从正规的饲料厂购买饲料，储存时注意时间不要过长，并防止霉变和结块。在自配饲粮时，要注意原料的质量，避免饲粮配方与实际应用相脱节。

（3）给予适宜的环境温度。适宜的环境温度有利于提高鸡群的生产能力。如果温度过高或过低，都会影响鸡群的健康，冷热不定很容易导致鸡群呼吸道病的发生。

（4）维持良好的通风换气条件。鸡舍内的粪便及残存的饲料受细菌的作用可产生大量的氨气，加上鸡呼吸排出的气体对鸡是很有害的。特别是氨气一旦达到使人感觉不适甚至流泪的程度，可导致鸡呼吸道黏膜损伤而发生细菌和病毒的感染。要减少鸡舍内的有害气体，一方面可采取在不突然降低温度的情况下开窗或排风扇排气，另一方面要保持地面干燥卫生，减少氨气的产生。

（5）保持合理的饲养密度。密度过大可造成鸡群拥挤和空气中有害气体增多,鸡群易患白痢病、球虫病、大肠杆菌病及慢性呼吸道病等。

（6）尽力减少鸡群应激反应。过大的声音、转群、药物注射以及饲养人员的穿戴和举止异常对鸡群是一种应激,在应激时鸡群容易发生球虫病、法氏囊病等。

5. 建立兽医疫情处理制度

（1）兽医防疫人员每天要深入鸡舍观察鸡群,有疫情要立即诊断。

（2）发现传染病时,病鸡隔离,死鸡深埋或烧毁。对一些烈性传染病（如鸡新城疫等）,应及时报告上级兽医机关,并封锁鸡场,进行紧急接种,直至最后一只病鸡死亡半月后不再有病鸡出现,方可报告上级部门解除封锁。

（3）对污染的鸡舍和用具要进行消毒处理,鸡的粪便需要堆积发酵后方可运出场外。

（二）传染病的扑灭措施

一旦发生传染病时,为了扑灭疫情,避免造成大范围流行,必须立即查明和消灭传染源,切断传染途径,提高鸡群对传染病的抵抗力。

1. 发现异常,及早做出诊断　　发现鸡群中有部分鸡发病或异常时,应立即请兽医人员亲临现场,做出病情诊断,并查明发病原因。如不能确诊,应把病鸡或刚死的鸡装在严密的容器内,立即送兽医权威部门进行确诊。必要时应把疫情通知周围鸡场或养鸡户,以便采取预防措施。

2. 针对疫情,及时采取防治措施　　当确诊为鸡新城疫、鸡痘等烈性传染病时,如为流行初期,应立即对未发病鸡进行疫苗紧急接种,以便在短期内使流行逐渐停止。但是,已经感染正在潜伏期的病鸡,接种疫苗后,不但不能使其免疫,反而可能加速发病死亡。所以到了流行中期,已经感染而貌似健康的鸡为数很多,此时接种疫苗,往往收效不大。当确诊为患霍乱等细菌性传染病时,在流行初期除用菌苗进行紧急接种外,还可用磺胺类药物或抗生素进行治疗和预防,并加强饲养管理。

3. 严格隔离和封锁,防止疫情蔓延　对发生传染病的鸡群要进行全部检疫,对检出的病鸡要隔离治疗;疑似病鸡也应隔离观察,对病鸡或疑似病鸡都应设专人饲养管理。对发生传染病的鸡群和鸡场,应及早划定疫区,进行严格封锁。在封锁期间,禁止雏鸡、种鸡、种蛋调进或调出,对原有的种蛋也不能调出。待场内病鸡已经全部痊愈或全部处理完毕,鸡舍、场地和用具经过严格消毒后,经过两周,再无新病例出现,然后再作一次严格大消毒,方可解除封锁。

4. 坚决淘汰病鸡,彻底进行环境消毒　鸡群发病后,对所有病重的鸡要坚决淘汰。如果可以利用,必须在兽医部门同意的地点,在兽医监督下加工处理。鸡毛、血水、废弃的内脏要集中深埋,肉尸要高温处理。病死鸡的尸体、粪便和垫草等应运往指定地点烧毁或深埋,防止猪、狗等扒吃。对被污染的鸡舍、运动场及饲养用具,都要用2%~3%的热火碱等高效消毒剂进行彻底消毒。

第二章　鸡传染病的鉴别诊断与防治

一、新城疫

鸡新城疫,又称亚洲鸡瘟,在我国民间俗称鸡瘟,是由鸡新城疫病毒引起的一种急性、烈性传染病,其特征为呼吸困难,排绿便,扭颈,腺胃乳头及肠黏膜出血等。本病分布广泛,传播快,死亡率高,是危害养鸡业的最严重疾病之一。

【流行特点】　所有鸡科动物都可能感染本病。不同类型鸡的感受性稍有差异,一般轻型蛋鸡的感受性较高。各种年龄的鸡均可感染,2年以上老鸡的感受性较低,幼鸡的感受性较高,但1周龄之内的幼雏由于母源抗体的存在很少发病。在没有免疫接种的鸡群或接种失败的鸡群一旦传入本病,常在4~5天内波及全群,死亡率可达90%以上,而在免疫不均或免疫力不强的鸡群多呈慢性经过,死亡率一般不超过40%。珍珠鸡和火鸡自然感染的情况较少,鸭、鹅虽可感染,但抵抗力较强,很少引起发病。人可引起急性结膜炎,类似流感症状。

本病可发生在任何季节,但以春秋两季多发,夏季较少。

本病的主要传染源是病鸡,通过病鸡与健康鸡接触,经消化道和呼吸道感染。病鸡的分泌物和粪便中含有大量病毒,被病毒污染的饲料、饮水、用具、运动场等都能传染。除经口感染外,带毒的飞沫、尘埃可以进入呼吸道。病毒也可经眼结膜、泄殖腔等进入鸡体内。屠宰病鸡时乱抛鸡毛、污水,常是造成疫情扩大蔓延的主要原因。另外,接触病鸡或屠宰病鸡的人和污染的衣物等也可散布病毒传染给健康鸡。鸭、鹅,特别是麻雀、鸽子等,是本病的机械传播者。猫、狗等吃了病死的鸡肉或接触病鸡后,也可能传播本病。

【临床症状】 本病自然感染的潜伏期一般为 3~5 天。根据临床表现和病程长短,可分为以下三型。

(1)最急性型:发病急,病程短,一般除表现精神萎靡以外,无特征症状而突然死亡。此种类型多见于流行初期和雏鸡。

(2)急性型:发病初期体温升高,一般可达 43~44 ℃。突然减食或废食,饮欲增加。精神萎靡,不愿走动,全身无力,羽毛松乱,闭目缩颈,离群呆立,反应迟钝,头下垂或伸进翅膀下,尾和翅无力、下垂,腿呈轻瘫状,甚至呈昏眠状态。冠、髯呈暗红色或紫黑色,偶见头部水肿。口腔和鼻腔内分泌物增多,积聚大量黏液,由口腔流出挂于喙端(见图 2-1),为了排出黏液,鸡时时摇头,做不断吞咽动作。当把鸡倒提时黏液就从口内大量流出。呼吸困难,常见伸头颈,张口呼吸(见图 2-2)。同时,喉部发出"咯咯"的声音,有时打喷嚏,嗉囊胀气,积有黏液,常拉黄色、绿色和灰色恶臭稀便。母鸡发病后停

图 2-1 病鸡半张开的嘴里流出黏液

止产蛋,病后期体温下降至常温以下,不久即死亡。病程多为 2~3 天,如不采取紧急免疫等措施,死亡率常达 90%。少数耐过未死的鸡,由于病毒侵害中枢神经,可引起非化脓性脑脊髓炎,使病鸡表现出各种神经症状,如扭头、翅膀麻痹,转圈、倒退等(见图 2-3)。如此日久,多数鸡消瘦死亡或被淘汰,也有个别鸡可完全康复。

图2-2　病雏呼吸困难

图2-3　病鸡神经症状

1月龄以下雏鸡的急性型新城疫,症状不典型,病程2~3天,紧急免疫效果较差,死亡率常达90%~100%。

(3)亚急性型与慢性型:一般见于免疫接种质量不高或免疫有效期已到末尾的鸡群。主要表现为陆续有一些鸡发病,病情较轻而病程较长。亚急性型新城疫,幼龄鸡感染后可发生死亡,成年鸡则只有呼吸道症状,食欲减退,产蛋量下降,出现软壳蛋,流行持续1~3周可以停息,致死率很低;慢性型新城疫,成鸡感染后没有明显的临床症状,雏鸡有时出现呼吸道症状,但一般很少引起死亡,只是在并发其他传染病时才出现大量死亡,致死率可达30%~40%。最常见的并发传染病为大肠杆菌病和支原体病,血清学检查可证明其感染。

近些年来,在免疫鸡群中发生新城疫,往往表现亚临床症状或非典型症状,发病率较低,一般在10%~30%,病死率在15%~45%。主要表现呼吸道症状和神经症状,呼吸道症状减轻时即趋向康复。少数病鸡遗留头颈扭曲,产蛋鸡主要表现产蛋率下降和呼吸道症状。

【病理变化】　鸡新城疫的主要病理变化是全身黏膜、浆膜出血。病死鸡剖检可见口腔、鼻腔、喉气管有大量混浊黏液,黏膜充血、出血,偶尔有纤维性坏死点。嗉囊水肿,内部充满恶臭液体和气体。食管黏膜呈斑点状或条索状出血,腺胃黏膜水肿,腺胃乳头顷端出血,在腺胃与肌胃或腺胃与食管交界处有带状或不规则的出血斑点(见图2-4),从腺胃乳头中可挤出豆渣样物质。肌胃角质膜下出血,有时见小米粒大出血点。十二指肠及整个小肠黏膜呈点状、片状或弥漫性出血,两盲肠扁桃体肿大、出血、坏死。泄殖腔黏膜呈弥漫性出血。脑膜充血或出血。气管内充满黏液,黏膜充血,有时可见小血点。肺脏有时可见瘀血或水肿、小的灰红色坏死灶,心包内有少量浆液,心尖和心冠脂肪有针尖状小出血点,心血管扩张,心肌浊肿,肝脏有时稍肿大或见黄红相间的条纹。脾脏呈灰红色。

图2-4　病鸡腺胃乳头顶端出血

胆囊肿大,胆汁黏稠,呈油绿色。肾有时充血、水肿,输尿管常有大量白色尿酸盐。产蛋鸡卵泡充血、出血,有的卵泡破裂使腹腔内有蛋黄液。

【鉴别诊断】

(1)鸡新城疫与禽霍乱的鉴别:二者均有体温高(43～44℃),闭目,垂翅,冠髯紫红,口鼻分泌物多,呼吸困难,拉稀混有血液等临床症状;并均有全身黏膜、浆膜出血,心冠脂肪有出血点等剖检病变。但二者的区别在于:禽霍乱一般只流行于个别鸡群或小范围地区,鸡新城疫则波及全村或更大范围。鸭一般不感染鸡新城疫,而对禽霍乱则极易感染。当在同一地区内鸡和鸭同时大批的发病死亡,则可能是禽霍乱而不会是鸡新城疫。在病状上,鸡新城疫可见神经症状,禽霍乱则无此症状,而偶见有关节炎表现。禽霍乱病程短,多在1～2天内死亡,而鸡新城疫多于3～5天内死亡。禽霍乱死鸡剖检,肝脏上有灰黄色坏死点,心包膜内见大量纤维蛋白渗出物,肠黏膜无溃疡,鸡新城疫肝脏无坏死点,心包膜内渗出物少,肠黏膜上多有溃疡。细菌学检查,禽霍乱可检出巴氏杆菌。

（2）鸡新城疫与禽流感的鉴别：二者均有体温高（43.3～44.4 ℃），萎靡不食，羽毛松乱，头翅下垂，冠髯暗红，鼻有分泌物，呼吸困难，发出"咯咯"声，腹泻，后期出现腿脚麻痹等症状，并均有腺胃、肌胃角质膜下出血，卵巢充血，脑充血，心冠脂肪有出血点等剖检病变。但二者的区别在于：禽流感的病原是鸡 A 型流感病毒（AIV）。病鸡眼结膜充血、肿胀，分泌物增多。喷嚏，咳嗽，鼻咽有灰色或红色渗出物，腹泻时粪便呈灰色、绿色或红色。头、颈声门水肿。剖检可见鼻窦有浆液性、黏液性、纤维素性坏死灶。腹膜、心包有充血和积液，有些有纤维素渗出物。红细胞血凝试验马、骡、驴、山羊、绵羊为阳性（鸡新城疫为阴性）。

（3）鸡新城疫与鸡马立克氏病的鉴别：二者均有羽毛松乱，精神萎靡，翅膀麻痹，运动失调，嗉囊扩张，采食困难，腹泻等临床症状。但二者的区别在于：神经型翅膀一侧或两侧麻痹，蹲伏时一腿向前伸，一腿向后伸（特征）。内脏型大批萎靡（特征），几天后部分运动失调，一肢或双肢麻痹。眼型虹膜失去正常色素，瞳孔边缘不整齐。皮肤型翅、颈、背、尾上方皮肤有玉米至蚕豆大的肿瘤。剖检可见受害神经增粗并呈黄白、灰白色，各内脏有大小不等灰白色质坚的肿块。将羽毛剪尖后放入琼脂外周检验孔内 2～3 天，羽毛与中央孔之间出现沉淀线阳性反应。

（4）鸡新城疫与鸡白痢的鉴别：二者均有羽毛松乱，精神萎靡，呼吸困难，腹泻等临床症状。但二者的区别在于：鸡白痢主要发生于雏鸡，特点是排白色稀便，成年鸡较少而发病多为慢性，有时也可见下痢，病鸡冠、髯贫血苍白，有时见腹部增大，但不见呼吸困难；慢性病例常可见卵巢萎缩，卵黄变性，质硬色淡，有时形成囊包。细菌学检查，鸡白痢可检出鸡白痢沙门氏菌。鸡新城疫呼吸道症状严重，并有神经症状，剖检可见呼吸道和消化道严重出血。实验室检验，鸡新城疫的病原是鸡新城疫病毒（NDV）。

（5）鸡新城疫与鸡传染性喉气管炎的鉴别：二者均有羽毛松乱，精神萎靡，冠髯发紫，鼻流黏液，张口呼吸，发出"咯咯"声，排绿色稀便等临床症状。但二者的区别在于：传染性喉气管炎的病原为喉气管炎病毒（LTV）。传染快，发病率高，但死亡率不高；有呼吸困难症状，但无拉稀及神经症状。病理变化局限于气管和喉部，呈出血性或假膜性气管炎和喉气管炎病征。

（6）鸡新城疫与雏鸡传染性支气管炎的鉴别：二者均有羽毛松乱，精神萎靡，鼻流黏液，呼吸困难，发出"咯咯"声，排绿色稀便等临床症状。但二者的区别在于：鸡传染性支气管炎的病原为鸡传染性支气管炎病毒（IB）。雏鸡传染性支气管炎主要侵害雏鸡，虽然有许多症状与鸡新城疫相似，但无消化道及神经症状。

（7）鸡新城疫与其他神经疾病的鉴别：鸡脑脊髓炎、神经性白血病、食盐中毒、维生素 A、B、D、E 缺乏症、药物中毒等疾病，均可出现神经症状，但一般无呼吸、消化器官症状。

【防治措施】　本病迄今尚无特效治疗药物，主要依靠建立并严格执行各项预防制度和切实做好免疫接种工作，以防本病的发生。

（1）定期预防接种疫苗：生产中可参考如下免疫程序。即 7～10 日龄采用鸡新城疫 Ⅱ 系（或 F 系）疫苗滴鼻、点眼进行首免；25～30 日龄采用鸡新城疫Ⅳ系苗饮水进行二免；70～75 日龄采用鸡新城疫 Ⅰ 系疫苗肌内注射进行三免；135～140 日龄再次用鸡新城疫 Ⅰ 系疫苗肌内注射接种免疫。

（2）做好免疫抗体的监测：上述免疫程序，是根据一般经验制订的，如果饲养规模较大，并且有条件，最好每隔 1～2 个月在每栋鸡舍中随机捉 20～30 只鸡采血，或取同一天产的 20～30 个蛋，用血清或蛋黄作红血球凝集抑制试验，测出抗体效价。根据鸡群抗体效价的高低，决定是否需要再进行免疫接种。一次免疫接种后，鸡群抗体效价持续上升，当达到一定水平后又缓慢下降，当抗体效价下降到 8 倍时,很难抵抗野毒感染,应立即再次进行免疫接种。

(3)发病后可进行紧急接种:鸡群一旦暴发了鸡新城疫,可应用大剂量鸡新城疫 I 系疫苗抢救病鸡,即用 100 倍稀释,每只鸡胸肌注射 1 毫升,3 天后即可停止死亡。对注射后出现的病鸡一律淘汰处理,死鸡焚毁,并应严密封锁,经常消毒,至本病停止死亡后半个月,再进行一次大消毒,而后解除封锁。

(4)据报道,仙人掌中含抗鸡新城疫病毒物质,故可将仙人掌捣碎,让鸡采食,喂 3 ~ 5 次。

二、鸡马立氏病

鸡马立克氏病(MD),是由 B 群疱疹病毒引起的鸡淋巴组织增生性传染病。其主要特征为外周神经、性腺、内脏器官、眼球虹膜、肌肉及皮肤发生淋巴细胞浸润和形成肿瘤病灶,最终导致病鸡受害器官功能障碍和恶病质而死亡。

【流行特点】　本病主要发生于鸡,此外,火鸡、野鸡、鹌鹑等也有一定的易感性,一般哺乳动物不感染。

有囊膜的完全病毒自病鸡羽囊排出,随皮屑、羽毛上的灰尘及脱落的羽毛散播,飘浮在空气中,主要由呼吸道侵入其他鸡体内,也能伴随饲料、饮水由消化道入侵。病鸡的粪便和口鼻分泌物也具有一定的传染力。

由于本病的疫苗并不能阻止感染,也就是说不能阻止入侵的病毒在鸡体内繁殖与排出,只能阻止发病(发生肿瘤),因而在本病流行地区,排毒的鸡很多,被感染的鸡也很多,一群鸡生长到开产前可能全部被感染,但感染后是否发病则取决于许多因素。

(1)感染时的日龄:感染时日龄越小,发病率越高。

(2)免疫力:通过疫苗接种使鸡群获得免疫力,可在很大程度上阻止发病。鸡群如有法氏囊炎病史,由于免疫功能的缺陷,发病率较高。

（3）鸡的体质：如果管理不当，特别是饲养密度过大，维生素A缺乏，使鸡的体质减弱，感染后易于发病。零星散养的鸡较少发病。

（4）品种：不同品种的鸡对本病的抵抗力及感染力和发病率有一定差异。如乌鸡感染后发病比较严重。

（5）性别：母鸡发病率高于公鸡。

（6）病毒的强弱与数量：感染强毒而且入侵数量多的，发病率高。

本病在3周龄即可发生，但蛋鸡发病大多在2～5月龄，170日龄之后仅偶有个别鸡发病。各鸡群的发病率高低不等，有的仅个别鸡发病，一般为5%～30%，严重的可达60%。发病的鸡全部死亡。

【临床症状】　本病的潜伏期长短不一，一般为3周左右，根据发病部位和临床症状可分为四种类型，即神经型、眼型、内脏型和皮肤型，有时也可混合发生。

（1）神经型：本世纪初最早发现的马立克氏病就是此型，所以又称为古典型。主要发生于3～4月龄的青年鸡，其特征是鸡的外周神经被病毒侵害，不同部分的神经受害时表现出不同的症状。当一侧或两侧坐骨神经受害时，病鸡一条腿或两条腿麻痹，步态失调，两条腿完全麻痹则瘫痪。较常见的是一条腿麻痹，当另一条正常的腿向前迈步时，麻痹的腿跟不上来，拖在后面，形成"大劈叉"姿势，并常向麻痹的一侧歪倒横卧（见图2-5）。当臂神经受害时，病鸡一侧或两侧翅膀麻痹下垂（见图2-6）。支配颈部肌肉的神经受害时，引起扭头、仰头现象。颈部迷走神经受害时，嗉囊麻痹、扩张、松弛，形成大嗉子，有时张口无声喘息。

此型病程比较长。病鸡有一定的食欲，但行动、采食困难，最后因饥饿、饮水不足、衰弱或被其他鸡踩踏而死亡。

图 2-5　病鸡一侧坐骨神经受害,呈"大劈叉"姿势

图 2-6　病鸡臂神经受害,翅膀下垂

(2)内脏型:又称急性型。幼龄鸡多发,死亡率高。病鸡起初无明显症状,逐渐呈进行性消瘦,冠髯萎缩,颜色变淡,无光泽,羽毛脏乱,行动迟缓。病后期精神萎靡,极度消瘦,最终衰竭死亡。

(3)眼型:单眼或双眼发病。表现为虹膜(眼球最前面的部分称为角膜,角膜后面是橘黄色的虹膜,虹膜中央是黑色瞳孔)的色素消失,呈同心环状(以瞳孔为圆心的多层环状)、斑点状或弥漫的灰白色,俗称"灰眼"或"银眼"。瞳孔边缘不整齐,呈锯齿状,而且瞳孔逐渐缩小,最后仅有粟粒大(见图 2-7),不能随外界光线强弱而调节大小。病眼视力丧失,双眼失明的鸡很快死亡。单眼失明的病程较长,最后衰竭死亡或被淘汰。

(4)皮肤型:肿瘤大多发生于翅膀、颈部、背部、尾部上方及大腿的皮肤,表现为个别羽囊肿大,并以此羽囊为中心,在皮肤上形成结节,约有玉米至蚕豆大,较硬,少数溃破。病程较长,病鸡最后瘦弱死亡或被淘汰。

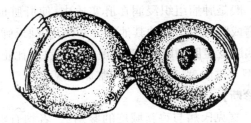

图 2-7　病鸡眼睛受害（右），瞳孔缩小

【病理变化】

（1）神经型：病变主要发生在外周神经的腹腔神经丛、坐骨神经、臂神经丛和内腔大神经。有病变的神经显著肿大，比正常粗2～3倍，外观灰白色或黄白色，神经的纹路消失。有时神经有大小不等的结节，因而神经粗细不均。病变多是一侧性的，与对侧无病变的或病变较轻的神经相比较，易做出诊断。

（2）内脏型：几乎所有同内脏器官都可发生病变，但以卵巢受侵害严重，其他器官的病变多呈大小不等的肿瘤块，灰白色，质地坚实。有时肿瘤组织浸润在脏器实质中，使脏器异常增大。不同脏器发生肿瘤的常见情况是：

心脏：肿瘤单个或数个，芝麻至南瓜籽大，外型不规则，稍突出于心肌表面，淡黄白色，较坚硬。正常鸡的心尖常有一点脂肪，不要误以为是肿瘤。

腺胃：通常是肿瘤组织浸润在整个腺胃壁中，使胃壁增厚2～3倍，腺胃外观胀大，较硬，剪开腺胃，可见黏膜潮红，有时局部溃烂；胃腺乳头变大，顶端溃烂。

卵巢：青年鸡卵巢发生肿瘤时，一般是整个卵巢胀大数倍至十几倍，有的达核桃大，呈菜花样，灰白色，质硬而脆。也有的是少数卵泡发生肿瘤，形状与上述相同，但较小。

睾丸：一侧或两侧睾丸发生肿瘤时，睾丸肿大十余倍，外观上睾丸与肿瘤混为一体，灰白色，较坚硬。

　　肝脏：一般是肿瘤组织浸润在肝实质中，使肝脏成灰白色，质硬，挤在肋窝或胸腔中。肺的其他部分常硬化，缺乏弹性。

　　胰脏：胰脏发生肿瘤时，一般表现发硬，发白，比正常稍大。

　　（3）眼型与皮肤型：剖检病变与临床表现相似。

　　【鉴别诊断】

　　（1）鸡马立克氏病与鸡新城疫的鉴别：二者均有羽毛松乱，精神萎靡，翅膀麻痹，运动失调，嗉囊扩张，采食困难，腹泻等临床症状。但二者的区别在于：鸡新城疫发病快，死亡率高，呼吸道症状明显，消化道出血严重，各器官很少出现肿瘤；鸡马立克氏病潜伏期长，表现出零散发病，且各器官肿瘤病变明显。

　　（2）鸡马立克氏病与鸡传染性法氏囊病的鉴别：二者均有体温高，走路摇尾，步态不稳，减食，低头，翅下垂，脱水等临床症状。但二者的区别在于：鸡传染性法氏囊病病原为传染性法氏囊病病毒（IBDV），3～6月龄最易发生，常见病鸡自啄肛门周围羽毛，并出现腹泻。后期病鸡有冷感、趾爪干燥等临床症状。剖检可见法氏囊肿大2～3倍，囊壁增厚3～4倍，质硬，外形变圆、呈浅黄色，或黏膜皱褶上出血，浆膜水肿。胸肌色暗，大腿侧肌、翅皮下、心肌、肠黏膜、肌胃黏膜下有出血斑，琼脂扩散试验出现沉淀线（阳性反应）。

　　（3）鸡马立克氏病与鸡淋巴细胞白血病的鉴别：二者均有精神萎靡，食欲不振，腹部膨大，消瘦，冠髯苍白等临床症状。但二者的区别在于：鸡淋巴细胞白血病在鸡4月龄发生，6～18月龄为主要发病期，法氏囊出现结节性肿瘤，但不表现神经麻痹和"灰眼"症状；鸡马立克氏病大多发生于2～5月龄，内脏型经常引起法氏囊萎缩，个别病例法氏囊壁增厚，但无肿瘤。

　　（4）鸡马立克氏病与鸡网状内皮组织增生病的鉴别：二者均有精神萎靡，食欲不振，消瘦，冠髯苍白等临床症状；并均有法氏囊萎缩，一些内脏结节性增生等病理变化。但二者的区别在于：鸡网状内皮组织增生病的病原为网状内皮组织增生病毒(REV)。病鸡生长停滞,羽毛生长不正常,躯干部位羽小支紧贴羽干。法氏囊滤泡缩小,淋巴细胞减少,胸腺萎缩、充血、出血、水肿。在96孔细胞培养板上用间接荧光抗体方法敏感性极高。

(5)鸡马立克氏病鸡脑脊髓炎的鉴别:二者均有共济失调,双肢麻痹,脱水,消瘦等临床症状;剖检均可见神经病变。但二者的区别在于:鸡脑脊髓炎的病原为鸡脑脊髓炎病毒(AEV),雏鸡出壳数天即陆续发病,常以跗关节着地,头颈部震颤,眼晶体混浊,失明,脑血管充血、出血。中枢神经元变性、肿大,树突和轴突消失。外周神经无病变。用荧光抗体试验(FA),阳性鸡的组织中可见黄绿色荧光。

【防治措施】　本病目前尚无特效治疗药物,主要做好预防工作。

(1)建立无马立克氏病鸡群:坚持自繁自养,防止从场外传入该病。由于幼鸡易感,因而幼鸡和成年鸡应分群饲养。

(2)严格消毒:发生马立克氏病的鸡场或鸡群,必须检出淘汰病鸡,同时要做好检疫和消毒工作。

(3)预防接种:雏鸡在出壳24小时内接种马立克氏病火鸡疱疹疫苗,若在2~3日龄进行注射,免疫效果较差,连年使用本苗免疫的鸡场,必须加大免疫剂量。

(4)加强管理:要加强对传染性法氏囊炎及其他疾病的防治,使鸡群保持健全的免疫功能和良好的体质。鸡群发病后,在饲料中添加0.002%~0.005%氨苯磺脲(AUS)可减少死亡。

三、鸡传染性法氏囊炎

鸡传染性法氏囊病(IBD),又称传染性法氏囊炎或腔上囊炎。是由法氏囊炎病毒引起的一种急性、高度接触性传染病,其特征是

排白色稀便,法氏囊肿大,浆膜下有胶冻样水肿液。鸡感染后法氏
囊受到严重侵害,发生可逆和不可逆的免疫抑制,导致多种疫苗免
疫失败,并使鸡只对许多疾病抵抗力降低,给养鸡生产造成严重损
失。

【流行特点】　本病只有鸡感染发病,其易感性与鸡法氏囊发
育阶段有关,2～15 周龄易感,其中 3～5 周龄最易感,法氏囊已退
化的成年鸡只发生隐性感染。

本病的主要传染源是病鸡和隐性感染鸡,传播方式是高度接
触传播,经呼吸道、消化道、眼结膜均可感染,病鸡舍清除病鸡后
54～122 天内放入易感鸡仍可发病;被污染的饲料、饮水、粪便至
52 天仍有感染性。

本病一旦发生便迅速传播,同群鸡约在 1 周内都可被感染,感
染率可达 100%。如不采取措施,邻近鸡舍在 2～3 周后也可被感
染发病。发病后 3～7 天为死亡高峰,以后迅速下降。死亡率一般
为 5%～15%,最高可达 40%。此外,本病发生后常继发球虫病和
大肠杆菌病。

【临床症状】　本病的潜伏期很短,一般为 2～3 天。主要表
现为鸡群发病突然,且病势严重。病鸡精神萎靡,闭眼缩头,畏冷
挤堆,伏地昏睡,走动时步态不稳,浑身有些颤抖。羽毛蓬乱,颈肩
部羽毛略呈逆立,食欲减退,饮水增加。排白色水样稀便,个别鸡
粪便带血。少数鸡掉头啄自己的肛门,这可能是法氏囊痛痒的缘
故。发病初、中期体温高,可达 43 ℃,临死前体温下降,仅 35 ℃。
发病后期脱水,眼窝凹陷,脚爪与皮肤干枯,最后因衰竭而死亡。

本病病程较短,其症状有一过性的特点。一般到发病后约第
7 天,除少数鸡已死亡外,其余鸡的症状迅速消失。

经过法氏囊病疫苗免疫的鸡群,有时也会有个别鸡发病,症状
不典型,比较轻,经隔离治疗一般可以康复。

【病理变化】　该病病毒主要侵害法氏囊。病初法氏囊肿胀,

一般在发病后第 4 天肿至最大,约为原来的 2 倍左右。在肿胀的同时,法氏囊的外面有淡黄色胶样渗出物,纵行条纹变得明显,法氏囊内黏膜水肿、充血、出血、坏死。法氏囊腔蓄有奶油样或棕色果酱样渗出物。严重病例,因法氏囊大量出血,其外观呈紫黑色,质脆,法氏囊腔内充满血液凝块。发病后第 5 天法氏囊开始萎缩,第 8 天以后仅为原来的 1/3 左右。萎缩后黏膜失去光泽,较干燥,呈灰白色或土黄色,渗出物大多消失。

胸腿肌肉有条片状出血斑,肌肉颜色变淡。腺胃黏膜充血潮红,腺胃与肌胃交界处的黏膜有出血斑点,排列略呈带状,但腺胃乳头无出血点。病后期肾脏肿胀,肾小管因蓄积尿酸盐而扩张变粗,胸腺与盲肠扁桃体肿胀出血,脾肿胀,胰脏呈白垩样变性,心冠脂肪呈点状出血,肠腔内黏液增多。

【鉴别诊断】

(1)法氏囊是鸡的免疫器官,许多急性传染病以及接种法氏囊炎弱毒苗都能引起法氏囊轻度充血和有少量渗出物,某些健康鸡也有这种现象,对此须积累解剖经验,防止误诊为法氏囊病。

(2)鸡传染法氏囊病与鸡新城疫的鉴别:鸡新城疫感染发病鸡有时可见到法氏囊的出血、坏死及干酪样物,也见到腺胃及盲肠扁桃体的出血。但该病腺胃黏膜出血点多在腺胃乳头上,法氏囊不见黄色胶冻样水肿,耐过鸡也不见法氏囊的萎缩和土黄色,而且多有呼吸道症状和神经症状。取鸡胚尿囊液做血凝试验和血凝抑制试验,尿囊液能凝集鸡的红血球,且新城疫免疫血清能抑制这种凝集作用。

(3)鸡传染法氏囊病与鸡马立克氏病的鉴别:二者均有体温高,精神不振,运动失调,步态不稳,头翅下垂,脱水等临床症状;剖检时均可见法氏囊肿大等病变。但二者的区别在于:鸡马立克氏病的病原是鸡马立克氏病病毒(MDV)。3~4 周龄鸡即可发病,而以 8~9 周龄发病严重。神经型坐骨神经受侵时常以一侧轻一侧重,不全麻痹,蹲伏时一肢向前伸一肢向后伸(特征)。臂神经受侵翅下垂,受侵颈头垂颈斜。内脏型委顿,共济失调,一肢或双肢麻痹,消瘦脱水。眼型视力减退,虹膜消失,瞳孔不整齐。皮肤型皮肤有玉米至蚕豆大肿瘤。剖检可见各内脏器官有大小不等的肿瘤。用腋下羽毛尖与马立克血清作琼脂扩散试验显现沉淀线。

(4)鸡传染法氏囊病与鸡淋巴细胞白血病的鉴别:二者均有精神不振,嗜睡,减食,腹泻等临床症状;剖检时均可见法氏囊肿大等病变。但二者的区别在于:鸡淋巴细胞白血病的病原是鸡淋巴细胞白血病病毒(ALV)。该病进行性消瘦,腹部膨大(肝脾均肿大),剖检可见肝、脾肿大3~4倍,皮下毛囊局部或广泛出血,法氏囊切开可见小结节病灶。脾有针尖至鸡蛋大的肿瘤。肝肿大几倍,呈灰白色且质脆。用葡萄球菌A蛋白酶联免疫吸附试验(PPA-ELISA)阳性。

(5)鸡传染法氏囊病与鸡白痢的鉴别:二者均有食欲减退,精神不振,闭眼缩颈,翅下垂,毛松乱,排白色稀便等临床症状。但二者的区别在于:鸡白痢的病原为白痢沙门氏菌。出壳后即现有病,有时出壳10多天才出现白痢,幼雏因肛门周围绒毛与粪便干结封住肛门不能排粪而鸣叫,人工剥去干结物粪便即喷射而出。幸存者发育不良,有气喘和关节炎。剖检可见早期死亡的肝肿大充血,有条纹出血,卵黄囊吸收不好。病程长的,心、肝、肺、盲肠、大肠和肌胃有坏死灶,盲肠有干酪样物。用马丁肉汤培养基培养,根据菌落和生化特性可以鉴别鸡白痢菌落和本菌。

(6)鸡传染法氏囊病与磺胺类药物中毒及维生素K缺乏症的鉴别:鸡磺胺类药物中毒及维生素K缺乏症胸腿肌肉呈片状出血,腺胃与肌胃交界处以及法氏囊也常出血。这些颇像鸡法氏囊病,所不同的是,这两种病出血更为广泛,皮下及肝、肠、肾等内脏都有出血;磺胺类药物中毒由于肠道出血常排出酱油样粪便;维生素K缺乏症血液不易凝固。通过了解病前用药与饲料情况可以证实这两种病,从而排除法氏囊病。

【预防措施】

(1)疫苗接种。法氏囊炎弱毒苗对本病虽有一定的预防作用,但由于母源抗体的影响及亚型的出现,其效果不理想。最好是在种鸡产蛋前注射一次油佐剂苗,使其雏鸡在 20 日龄内能抵抗病毒的感染。雏鸡分别于 14 日龄和 32 日龄用弱毒苗饮水免疫。为了解决母源抗体在一个鸡群中不平衡问题,据报道可间隔 4~5 天采用多次免疫。

(2)加强消毒工作。在本病流行期间要经常对舍内地面及房舍周围进行严格消毒,并用含有效氯的消毒剂对饮水和饲料消毒。

(3)加强管理,减少应激。在饲料中可添加 0.75% 的禽菌灵粉(由穿心连、甘草、吴萸、苦参、白芷、板蓝根、大黄组成)进行预防。

【治疗方法】

(1)全群注射康复血清或高免卵黄抗体 0.5~1 毫升,效果显著。

(2)法氏囊病 F_{143} 治疗剂:由浙江省余姚市食品公司研制,雏鸡、中鸡每只肌内注射 0.5~1 毫升,或按说明书使用。并发鸡新城疫的,于注射血清或 F_{143} 的次日注射鸡新城疫Ⅳ系苗。

(3)据报道,发病后,取法氏囊炎弱毒苗的双倍剂量,选用庆大霉素或氨苄青霉素加维生素 C 针剂稀释,进行肌内注射或滴嘴疗法,同时添加葡萄糖和多维素。第 1 天临床症状减轻,第 2 天基本痊愈。

(4)禽菌灵粉拌料,每千克体重 0.6 克/天,连用 3~5 天。

(5)用紫草 50 克、甘草 50 克、茜草 30 克、绿豆 500 克煎汁拌料喂服(总体重 50 千克的鸡量),对重症鸡灌服,连用 3 天。

(6)复方炔诺酮(人用的女性 1 号避孕片):体重 0.5 千克的鸡每天 1 片口投,连用 2 天;1 千克的鸡每天 2 片口投,连用 2~3

天,可减轻症状,用于小母鸡对以后产蛋有不利影响,一般取其廉价而用于肉用仔鸡和非留种的小公鸡。

此外,对病鸡要加强护理。寒冷季节适当提高舍温,舍内保持安静,鸡群密度过大的要疏散,饲料中适当增加多维素,尤其是维生素C。由于病鸡采食减少,饮水中可加4%~5%的葡萄糖,以补充热能,改善体质,并且要注意防止大肠杆菌病等疾病的感染。

四、禽流感

禽流感(AI),又称真性鸡瘟或欧洲鸡瘟,是由 A 型禽流感病毒引起的一种急性、高度致死性传染病。其特征为鸡群突然发病,表现精神萎靡,食欲消失,羽毛松乱,成年母鸡停止产蛋,并发现呼吸道、肠道和神经系统的病状,皮肤水肿呈青紫色,死亡率高,对鸡群危害严重。

【流行特点】　本病对许多家禽、野禽、哺乳动物及人类均能感染,在禽类中鸡与火鸡有高度的易感性,其次是珍珠鸡、野鸡和孔雀,鸽较少见,鸭和鹅不易感染。

本病的主要传染源是病禽和病尸,病毒存在于尸体血液、内脏组织、分泌物与排泄物中。被污染的禽舍、场地、用具、饲料、饮水等均可成为传染源。病鸡蛋内可带毒,当孵化出壳后即死亡。病鸡在潜伏期内即可排毒,一年四季均可发病。

本病的主要传染途径是消化道,也可从呼吸道或皮肤损伤和黏膜感染,吸血昆虫也可传播本病毒。由于感染的毒株不同,鸡群发病率和死亡率有很大差异,一般毒株感染,发病率高,死亡率低,但在高致病力毒株感染时发病率和死亡率可达100%。

【临床症状】　本病的潜伏期为 3~5 天。急性病例病程极短,常突然死亡,没有任何临床症状。一般病程 1~2 天,可见病鸡精神萎靡,体温升高(43.3~44.4 ℃),不食,衰弱,羽毛松乱,不爱走动,头及翼下垂,闭目呆立,产蛋停止。冠、髯和眼周围呈黑红色,头部、颈部及声门出现水肿(见图2-8)。结膜发炎、充血、肿胀、分泌物增多,鼻腔有灰色或红色渗出物,口腔黏膜有出血点,脚鳞出现紫色出血斑。有时见有腹泻,粪便呈灰、绿或红色。后期出现神经症状,头、腿麻痹,抽搐,甚至出现眼盲,最后极度衰竭,呈昏迷状态而死亡。

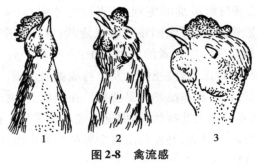

图2-8　禽流感

1. 健康鸡　2. 病鸡头颈水肿　3. 病鸡喉部水肿

【病理变化】　病鸡头部呈青紫色,眼结膜肿胀并有出血点。口腔及鼻腔积存黏液,并常混有血液。头部、眼周围、耳和髯有水肿,皮下可见黄色胶样液体。颈部、胸部皮下均有水肿,血管充血。胸部肌肉、脂肪及胸骨内面有小出血点。口腔及腺胃黏膜、肌胃和肌质膜下层、十二指肠出血,并伴有轻度炎症。腺胃与肌胃衔接处呈带状或球状出血,腺胃乳头肿胀。鼻腔、气管、支气管黏膜以及肺脏可见出血。腹膜、肋膜、心包膜、心外膜、气囊及卵黄囊均见有出血充血。卵巢萎缩,输卵管出血。肝脏肿大、淤血,有的甚至破裂。

【鉴别诊断】

(1)禽流感与鸡新城疫的鉴别:二者有许多相似症状和病变。如体温高(43.3～44.4 ℃),萎靡不食,羽毛松乱,头翅下垂,冠髯暗红,鼻有分泌物,呼吸困难,发出"咯咯"声,腹泻,后期出现腿脚麻痹等症状,并均有腺胃、肌胃角膜下出血,卵巢充血,脑充血,心冠脂肪有出血点等剖检病变。但二者的区别在于:鸡新城疫病原为新城疫病毒,倒提病鸡时口中流出大量酸臭黏液,头部水肿少见,而禽流感病鸡头部常出现水肿,眼睑、肉髯极度肿胀;新城疫病鸡剖检后主要表现在消化道、呼吸道黏膜外,肝脏、肺、腹膜等也呈现严重出血。

(2)禽流感与禽霍乱的鉴别:二者均有体温高(43～44 ℃),闭目,垂翅,冠髯紫红,呼吸困难等临床症状;并均有全身黏膜、浆膜出血等剖检病变。但二者的区别在于:禽霍乱一般只流行于个别鸡群或小范围地区,禽流感则波及全村或更大范围。鸭、鹅对禽流感易感性低,而对禽霍乱则极易感染。在病状上,禽流感可见到神经症状,禽霍乱则无此症状,而偶见有关节炎表现。在剖检时禽流感可见腺胃乳头出血,并在与肌胃交界处形成出血环或出血带,禽霍乱则无此病变。

(3)禽流感与鸡传染性法氏囊病的鉴别:二者均有精神不振,头翅下垂,腹泻临床症状;并均有腺胃黏膜、肌胃角质膜下层出血等剖检病变。但二者的区别在于:鸡传染性法氏囊病的病原为鸡传染性法氏囊病病毒,病鸡体温升高不明显(仅升高1～1.5 ℃,10日后下降1～2 ℃),自啄肛门,腹泻,粪便呈水样或白色黏稠样,微震颤,弓腰蹲伏,眼窝凹陷。剖检可见法氏囊肿大、出血。琼脂扩散试验阳性反应。

(4)禽流感与鸡毒支原体感染的鉴别:二者均有打喷嚏,咳嗽,呼吸有啰音,流鼻液,结膜炎,流泪等临床症状。但二者的区别在于:鸡毒支原体感染的病原为鸡毒支原体,病鸡一侧或两侧眶下窦发炎。有关节炎,关节肿胀,跛行。剖检可见鼻孔、鼻窦、气管、肺浆性黏性分泌物增多,气囊混浊、有干酪样分泌物,关节液黏稠如豆油,平板凝集试验呈阳性。

【防治措施】　本病目前尚无有效的治疗方法,抗生素仅可以控制并发或继发的细菌感染。所以入境检疫十分重要,应对进口的各种家禽、鸟类施行严格的隔离检疫,然后才能转至内地的隔离场饲养,再纳入健康鸡场饲养。

鸡场一旦发生本病,应严格封锁,就地扑杀焚烧场内全部鸡群,对场地、鸡舍、设备、衣物等严格消毒。消毒药物可选用0.5%过氧乙酸、2%次氯酸钠,以至甲醛及火焰消毒。经彻底消毒两个月后,可引进血清学阴性的鸡饲养,如其血清学反应持续为阴性时,方可解除封锁。

五、鸡痘

鸡痘(FP)又称白喉,是由鸡痘病毒引起的一种急性、热性传染病。其特征为传播快、发病率高,病鸡在皮肤无毛处引起增生性皮肤损伤形成结节(皮肤型),或在上呼吸道、口腔和食道黏膜引起纤维素性坏死和增生性损伤(白喉型)。

【流行特点】　不同的家禽均由各自禽痘病毒引起,鸭、鹅等水禽易感性较低,也很少见明显症状,鸡和火鸡易感性高,且各种年龄的鸡均易感。一年四季均可发生,但秋季发病率最高。一般在秋季和冬初发生皮肤型鸡痘较多,在冬季则以白喉型鸡痘常见。特别是鸡群密度过大,通风不良,卫生条件差,以及日粮中维生素含量不足时更易发病。

鸡痘病毒随病鸡的皮屑及脱落的痘痂等散布在饲养环境中,经皮肤黏膜侵入其他鸡体,在创伤部位更易于入侵。有些吸血昆虫,如蚊虫能够传带病毒,也是夏、秋季节本病流行的一个重要媒介。

【临床症状】　本病自然感染的潜伏期为4~10天,鸡群常是逐渐发病。病程一般为3~5周,严重爆发时可持续6~7周。根据患病部位不同主要分为3种类型,即皮肤型、黏膜型和混合型。

（1）皮肤型：是最常见的病型，多发生于幼鸡，病初在冠、髯、口角眼睑、腿等处，出现红色隆起的圆斑，逐渐变为痘疹（见图2-9），初呈灰色，后为黄灰色。经1～2天后形成痂皮，然后周围出现瘢痕，有的不易愈合。眼睑发生痘疹时，由于皮肤增厚，使眼睛完全闭全。病情较轻不引起全身症状，较严重时，则出现精神不振，体温升高，食欲减退，成鸡产蛋减少等。如无并发症，一般病鸡死亡率不高。

图 2-9　病鸡冠、肉髯、喙角有痘疹

（2）黏膜型：多发生于青年鸡和成年鸡。症状主要在口腔、咽喉和气管等黏膜表面。病初出现鼻炎症状，从鼻孔流出黏性鼻液，2～3天后先在黏膜上生成白色的小结节，稍突出于黏膜表现，以后小结节增大形成一层黄白色干酪样的假膜（见图2-10），这层假膜很像人的"白喉"，故又称白喉型鸡痘。如用镊子撕去假膜，下面则露出溃疡灶。病鸡全身症状明显，精神萎靡，采食与呼吸发生障碍，脱落的假膜落入气管可导致窒息死亡。病鸡死亡率一般在5%以上，雏鸡严重发病时，死亡率可达50%。

（3）混合型：有些病鸡在头部皮肤出现痘疹，同时在口腔出现白喉病变。

图 2-10　病鸡口、咽、喉头中有假膜

【病理变化】　体表病变如临床所见。除皮肤和口腔黏膜的典型病变外，口腔黏膜病变可延伸至气管、食道和肠。肠黏膜可出现小点状出血，肝、脾、肾常肿大，心肌有时呈实质变性。

【鉴别诊断】

（1）鸡痘与鸡维生素 A 缺乏症的鉴别：二者均有精神委顿，体重减轻，食欲消失，口腔内有溃疡灶，可连成大片并覆有干酪样假膜，呼吸、吞咽困难，眼发炎等临床症状。但二者的区别在于：鸡维生素 A 缺乏症是因维生素 A 缺乏引起，口腔假膜如豆腐渣样，眼内有干酪样物，角膜混浊软化或穿孔。运动失调，对外界刺激即引起神经症状。剖检可见肾灰白色，肾小管、输尿管有白色尿酸盐，心包、肝、脾表面有尿酸盐沉积。用鱼肝油治疗有效。鸡痘病初眼内蓄积豆渣样物（皮肤型），口腔溃疡假膜与维生素 A 缺乏症类似，但随病程发展，其他部位可出现痘疹，若试用鱼肝油治疗数日则无效。

（2）鸡痘与鸡烟酸缺乏症的鉴别：二者均可见到皮肤、腿有小结节。但二者的区别在于：鸡烟酸缺乏症是因烟酸缺乏引起，病鸡表现发育不全，羽毛稀少，皮肤发炎，有化脓性结节，腿部关节肿大，骨粗短，腿部弯曲，口炎，下痢等。

（3）鸡痘与其他鸡病的鉴别：根据本病临床症状，与其他鸡病也易于鉴别，因为在一个鸡群中不可能所有的病鸡均呈黏膜型痘，而不见有皮肤痘样病变。

【预防措施】

（1）预防接种：本病可用鸡痘疫苗接种预防。10 日龄以上的雏鸡都可以刺种，免疫期幼雏 2 个月，较大的鸡 5 个月，刺种后 3～4 天，刺种部位应微现红肿，结痂，经 2～3 周脱落。

（2）严格消毒：要保持环境卫生，经常进行环境消毒，消灭蚊子等吸血昆虫及其滋生地。发病后要隔离病鸡，轻者治疗，重者扑杀并与死鸡一起深埋或焚烧。污染场地要严格清理消毒。

【治疗方法】

（1）对症治疗：皮肤型的可用消毒好的镊子把患部痂膜剥离，在伤口上涂一些碘酒或胆紫；黏膜型的可将口腔和咽部的假膜斑块用小刀小心剥离下来,涂抹碘甘油(碘化钾 10 克,碘片 5 克,甘油 20 毫升,混合搅拌,再加蒸馏水至 100 毫升)。剥下来的痂膜烂斑要收集起来烧掉。眼部内的肿块,用小刀将表皮切开,挤出脓液或豆渣样物质,使用 2% 硼酸或 5% 蛋白银溶液消毒。

除局部治疗外,每千克饲料加土霉素 2 克,连用 5～7 天,防止继发感染。

(2)中药治疗:紫草 100 克,龙胆末 50 克,明矾 100 克,清水 5 千克。先将紫草在清水中浸泡 20 分钟,然后文火煎 20 分钟即可。供 100 只青年鸡分早、晚两次饮服,药渣亦拌进饲料服下,每日一剂,有较好疗效。

六、鸡传染性支气管炎

鸡传染性支气管炎(IB),是由传染性支气管炎病毒引起的一种急性、高度接触性呼吸道疾病。其特征为气管与支气管黏膜发炎,呼吸困难,发出啰音,咳嗽,张口打喷嚏。成年鸡产蛋量下降,产软壳蛋和畸形蛋。

【流行特点】　本病在自然条件下只有鸡感染,各种年龄、品种的鸡均可发病,以雏鸡最为严重,死亡率也高,成年鸡发病后产蛋率急剧下降,而且难以恢复。发病季节主要在秋末和早春。

本病主要传染源是病鸡和康复后的带毒鸡。病鸡呼吸道分泌物和咳出的飞沫中含有大量病毒,粪便和蛋中也带有病毒,同群鸡之间高度接触传染,户与户、场与场之间主要是人员和空气中的灰尘作传播媒介。在本病的疫区,一般的隔离消毒措施往往不能阻止病原传入,须搞好免疫预防。

对雏鸡来说,饲养管理不良,特别是鸡群拥挤、空气污染、地面肮脏潮湿,湿度忽高忽低、饲料中维生素和矿物质不足等,容易诱发本病。对于成年鸡,饲养管理好坏与发病的相关性不如雏鸡明显,饲养管理较好的也常会发病。

【临床症状】　本病自然感染的潜伏期为 2～4 天。呼吸型、肾病变型及腺胃病变型的症状不尽相同,分述如下。

(1)呼吸型:

①雏鸡:发病日龄多在 5 周龄以内,几乎全群同时发病。最初出现呼吸道症状,如流鼻液、流泪、咳嗽、打喷嚏、呼吸费力,常伸颈张口喘息等。当舍内寂静并有许多鸡聚在一起时,可听到伴随呼吸发出一种嘶哑的声音。随着病情发展,全身症状逐渐加重,精神萎靡,缩头闭目沉睡,两翅下垂,羽毛松乱无光,畏冷挤堆,食欲减退,身体瘦弱,体重减轻。病程 1～2 周或稍长些,如果原来体质较好,无其他疾病,发病后及时用抗菌药物防止继发感染,并加强护理,死亡率可控制在 10% 以下,否则死亡率可达 20% 以上。发病日龄越低,死亡率越高。

②产蛋鸡:首先出现呼吸道和全身症状,继而产蛋量下降,再稍后出现较多的畸形蛋。

呼吸道症状最初见于部分鸡,常在早晨发现,约经 1 天波及全群。表现稍有鼻液,眼湿润似欲滴泪,呼吸困难,半张口呼吸,不时地有一些鸡咳嗽、打喷嚏,发出"喉喉"的声音。患鸡精神不振,采食减少,部分鸡排黄白色稀粪。但这些症状通常不很严重,若及时用抗生素控制继发感染,约经 5 天左右症状可逐渐消失。发病的第 2 天产蛋量开始下降,经 2 周左右下降到最低点,然后逐渐回升。下降幅度、回升速度及回升水平,主要同鸡的日龄有关。处于产蛋高峰期的年轻母鸡,生殖功能旺盛,如果饲养管理也比较好,产蛋率下降到最低点时约为原来的一半。例如原来产蛋率为80%,要下降到40%或再稍低些,经 2 个月可恢复到70%或略高些。400 日龄以上的老鸡,生殖功能已经衰退,在鸡群发生传染性支气管炎后,产蛋率常由65%左右下降到5%～15%,发病后 2 个月只能恢复到50%或者还要低一些。对这种鸡在发病初期即应考虑淘汰,但须就地封闭宰杀,然后对被污染的场所进行消毒,以防止病毒扩散。

　　畸形蛋在刚发病时仅个别出现,到发病后 5～6 天,病鸡症状开始好转时,畸形蛋才迅速增多,并持续很久。在畸形蛋中,有一部分是严重畸形,即蛋很小,形状似桃、歪瓜、茄等,蛋壳由原来的棕色变为白色,极薄、粗糙、有皱纹(见图 2-11)。将蛋打开,(因蛋壳薄软如纸,常是撕开),倒在玻璃板上,可见外层蛋白稀薄如水,扩散面很大。这些畸形蛋是临床症状的重要依据。其余的畸形蛋,畸形程度及外层蛋白稀薄程度不等,有的仅是蛋形不正。

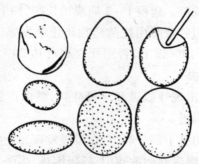

图 2-11　病鸡产的软壳蛋、砂壳蛋、薄壳蛋和畸形蛋

　　(2)肾病变型:多发生于 20～50 日龄的幼鸡。典型的病程分为两个阶段:第一阶段出现轻微呼吸道症状,往往不被察觉,经2～4 天症状近乎消失,表面上"康复";第二阶段是发病后 10～12 天,出现严重全身症状,精神沉郁,厌食,排灰白色稀粪或白色淀粉糊样稀便,失水,脚爪干枯,此时为死亡高峰期。整个病程 21～25天,死亡率一般为 12%～25%。

　　(3)腺胃病变型:1995 年以来,我国江苏、山东、北京、河北等地相继发生。多发生于 20～80 日龄育成鸡,病程为 10～25 天。临床症状主要表现为精神沉郁,厌食,流泪,眼肿,有时有呼吸道症状,腹泻,极度消瘦,陆续死亡。发病率可达 90%,死亡率一般为

30%左右。

【病理变化】　呼吸型的主要病变在呼吸器官和母鸡的生殖器官,肾病变型的主要病变在肾脏和输尿管,腺胃型的主要病变在腺胃、胰腺、胸腺、脾脏及法氏囊。

（1）呼吸型：

①呼吸器官:病变通常为轻度或中等。气管黏膜给人一种水分比较多的感觉,覆有淡黄色透明的分泌物,并自上而下逐渐充血潮红。有的在气管内有灰白色痰状栓子,肺充血、水肿。气囊混浊,变厚,有渗出物。雏鸡鼻腔至咽部蓄有浓稠黏液。

②生殖器官:成年母鸡正在发育的卵泡充血、出血,有的萎缩变形。输卵管缩短,严重时变得肥厚、粗糙,局部充血、坏死。腹腔内常有大量卵黄浆。雏鸡输卵管萎缩变短,其中段变化最严重,出现肥厚、粗短、充血、局部坏死等。

雏鸡18日龄内发病者,输卵管所受损害是永久性的,长大后一般不能产蛋,但外观与正常鸡无异,要通过检查耻骨间距,将其检出淘汰,以免白白浪费饲料。发病的大龄鸡,输卵管的病变轻一些,能有一定程度的恢复,长大后产蛋受一定影响。成年鸡输卵管的变化在病后能有所恢复,有的经21天能恢复正常,但不是所有的鸡都能恢复正常程度。

（2）肾病变型病鸡的病理变化:主要表现肾肿大、苍白,肾小管因尿酸盐沉积而变粗(见图2-12),心脏、肝脏表面有时也沉积尿酸盐,似一层白霜,泄殖腔内常有大量石灰膏样尿酸盐。法氏囊内充血、出血,黏液增多,有的可见呼吸道病变,有的不明显。

（3）腺胃病变型:腺胃肿大,呈球状,腺胃壁增厚,腺胃乳头出血、坏死、溃疡,胰腺肿大出血,胸腺、脾脏及法氏囊萎缩。

图 2-12　病鸡肾肿大,肾小管、输尿管有尿酸盐沉积

【鉴别诊断】

(1)鸡传染性支气管炎与鸡新城疫的鉴别:二者均有精神萎靡,羽毛松乱,翅下垂,昏睡,鼻分泌物增多,常甩头,呼吸困难,有咕噜声等临床症状。但二者的区别在于:鸡新城疫的病原为鸡新城疫病毒,其症状一般比传染性支气管炎症状严重,可见少数鸡出现神经症状,剖检可见腺胃及小肠黏膜出血等典型病变,产蛋鸡群的产蛋量下降更为严重。取鸡胚尿囊液做血凝试验和血凝抑制试验,尿囊液能凝集鸡的红血球,且新城疫免疫血清能抑制这种凝集作用。

(2)鸡传染性支气管炎与鸡喉气管炎的鉴别:二者均有流鼻液,流泪,咳嗽,张口呼吸等临床症状。但二者的区别在于:鸡传染性喉气管炎的传播比传染性支气管炎要慢些,呼吸系统症状更为严重,气管分泌物混有血液,且主要发生于成年鸡,而传染性支气管炎即可感染幼鸡,又可感染大鸡,但以幼鸡症状最重。

（3）鸡传染性支气管炎与鸡传染性鼻炎的鉴别：二者均有疫病传播迅速，精神萎靡，流鼻液，打喷嚏，甩头，结膜炎，产蛋率下降等临床症状。但二者的区别在于：鸡传染性鼻炎传播缓慢，成年鸡发病较重，主要是鼻腔和鼻窦发炎，多见脸部肿胀，通常流鼻液；慢性病例可发出恶臭味；磺胺类药和抗生素治疗有效。传染性支气管炎只有幼鸡流鼻液，而且幼鸡发病较重，脸部肿胀比较少见。

（4）鸡传染性支气管炎与鸡慢性呼吸道病的鉴别：二者均有流鼻液，咳嗽，打喷嚏，呼吸有啰音，流泪，产蛋率下降等临床症状。但二者的区别在于：由败血性霉形体引起的慢性呼吸道病传播慢，1～2月龄易感，成年鸡多为隐性。典型症状及病变也见于幼鸡，鼻、气管、支气管和气囊有混浊黏稠渗出物，但链霉素、北里霉素、泰乐霉素、红霉素药物治疗有效。

（5）鸡传染性支气管炎与鸡减蛋综合征的鉴别：减蛋综合征感染的产蛋鸡群也发生产蛋率下降，蛋壳质量也发生与传染性支气管炎相似的变化，但蛋内质量无明显变化。

（6）鸡传染性支气管炎与鸡曲霉菌病的鉴别：二者均有羽毛松乱，昏睡，翅下垂，伸颈张口呼吸，摇头甩鼻，下痢，产蛋率下降等临床症状。但二者的区别在于：鸡曲霉菌病的病原为曲霉菌，4～6日龄多发，至2～3周龄停止。病鸡对外界反应淡漠，不咳嗽，呼吸有沙沙声。剖检可见肺有霉菌结节，周围有红色浸润，切开结节有干酪样物，压片镜检可见曲霉菌的菌丝（气囊的结节可见到孢子柄和孢子）。

（7）鸡传染性支气管炎与鸡隐孢子虫病的鉴别：二者均有咳嗽，打喷嚏，伸颈张口呼吸，眼半闭，翅下垂等临床症状。并均有气囊混浊，气管水肿、有干酪样物等剖检病变。但二者的区别在于：隐孢子虫病的病原为隐孢子虫。病鸡肺脏、腹侧充血严重、表面湿润，常带有灰白色硬斑，切面渗出液多。收集生前呼吸道黏液用饱和白糖液将卵囊浮集起来，镜检可见卵囊内含4个香蕉形小孢子，死后取法氏囊泄殖腔黏膜涂片、姬氏染色镜检,胞浆呈蓝色,内含数个红色颗粒。

(8)鸡传染性支气管炎与鸡线虫病的鉴别:二者均有伸颈张口呼吸,呼吸困难,甩头等临床症状。但二者的区别在于:鸡线虫病的病原为线虫,粪检有虫卵,剖检可见到寄生的线虫。

(9)鸡传染性支气管炎与鸡氨气中毒的鉴别:二者均有流鼻液,甩头,呼吸困难,咳嗽等临床症状。并均有鼻腔、鼻窦有多量黏液,气管、支气管和肺充血发红等剖检病变。但二者的区别在于:鸡氨气中毒为非传染性疾病,病因是因鸡的密度太大、大棚通风不良、空气污浊、氨气太多。通风改善、密度减小后,发病即停止。

【预防措施】

(1)预防接种。接种鸡传染性支气管炎弱毒苗或参考以下免疫程序:7～10日龄用 H_{120} 与新城疫Ⅱ系苗混合滴鼻点眼,或用 H_{120} 与新城疫Ⅳ系苗混合饮水;35日龄用 H_{52} 饮水,这次免疫也可以与新城疫Ⅱ系或Ⅳ系苗混用;135日龄前后用 H_{52} 饮水。如此时注射新城疫Ⅰ系苗,可在同一天进行。

(2)加强饲养管理。要严格隔离病鸡,鸡舍、用具及时进行消毒。注意调整鸡舍温度,避免过挤和贼风侵袭。合理配制日粮,在日粮中适当增加维生素和矿物质含量,以增强鸡的抗病能力。

【治疗方法】　本病无特效治疗方法,发病后应用一些广谱抗生素可防止细菌合并症或继发感染。

(1)用等量的青霉素、链霉素混合,每只雏鸡每次滴2 000～5 000单位于口腔中,连用3～4天。

(2)用氨茶碱片内服,体重0.25～0.5千克者,每次用0.05克;0.75～1千克者用0.1克;1.25～1.5千克者用0.15克,每天1次,连用2～3天,有较好疗效。

(3)用病毒灵1.5克、板蓝根冲剂30克,拌入1千克饲料内,任雏鸡自由采食。

（4）用苍术、松针叶各 2 份，石决明、侧柏叶各 1.5 份，陈皮、贯众、食用辣椒各 1 份，研细末，混匀，每千克饲料内加上面合剂 100 克，连喂 3 ~ 5 天。

（5）用麻黄、大青叶各 300 克，石膏 250 克，制半夏、连翘、黄连、二花各 200 克，蒲公英、黄芩、杏仁、麦冬、桑皮各 150 克，菊花、桔梗各 100 克、甘草 50 克，煎汁，为 5 000 只雏鸡一天拌料用量。

七、鸡传染性喉气管炎

鸡传染性喉气管炎（ILT），是由疱疹病毒引起的一种急性呼吸道传染病。其特征为病鸡高度呼吸困难，咳嗽，喘气，气管分泌物中混有血液。本病是集约化养鸡场的重要疫病之一，发病率较高，死亡率一般在 10% ~20%。

【流行特点】　在自然条件下，本病主要侵害鸡，有时也感染火鸡、野鸡、鸭、鹌鹑等。各种年龄的鸡均可感染发病，但通常只有成年鸡和大龄青年鸡才表现出典型症状。

本病的主要传染源是病鸡和带毒鸡。病毒存在于病鸡呼吸道及其分泌物中，约有 2% 的康复鸡能带毒 2 年，并具有传染性。因此，本病一旦发生，便难以根除，并呈地区性流行。

病毒由呼吸道、眼结膜、口腔侵入体内。饲料、饮水、用具、野鸟及人员衣物等均能携带病毒，扩散传播。病鸡产的蛋，有一部分含有病毒，入孵后，胚胎于出雏前死亡。接种过本强毒疫苗的鸡，在较长时期内可排出有致病力的病毒。

本病一年四季均可发生，但以寒冷干燥的冬季多发。若鸡舍过分拥挤，通风不良，饲养管理不当，寄生虫感染，饲料中维生素 A 缺乏，以及接种疫苗等，都可能诱发本病，并使死亡率增高。

【临床症状】　本病自然感染的潜伏期 6 ~ 12 天。症状随发病季节和病鸡不同而有所差异。温暖季节比寒冷季节轻，幼鸡比成年鸡轻。急性病例鼻孔有分泌物,病鸡呼吸困难,当吸气时,头、颈前伸,眼半闭或全闭,尽力吸气(见图2-13),同时可听到咯咯声或啰音。当痉挛咳嗽时,猛烈摇头,试图排出气管内的堵塞物,常咳出带血的黏液。从口腔可以看到喉部黏膜有淡黄色凝固物附着,鸡冠呈青紫色,排绿色稀便,产蛋量急剧下降,也有的病例出现严重的眼炎,大多为单眼结膜充血,眼皮肿胀凸起,眼内蓄积豆渣样物质。病程5~6天,多因窒息死亡,耐过5天以上者多能康复。症状较轻的病鸡生长迟缓,产蛋减少,流泪,眼结膜充血,轻微地咳嗽,眶下窦肿胀,流鼻液,机体逐渐消瘦。

图2-13　病鸡吸气时姿势

【病理变化】　病变主要在喉部和气管,由黏液性炎症到黏膜坏死,并伴有出血(见图2-14)。严重病例气管中可见脱落的黏膜上皮、干酪样物质,以及它们二者混合形成的黄白色假膜,也常见血凝块。气管病变在靠近喉头处最重,往下稍轻。此外,还可出现支气管炎、肺炎及气囊炎。病变轻者可见眼睑及眶下窦充血。

【鉴别诊断】

(1)鸡传染性喉气管炎与鸡传染性支气管炎的鉴别:二者均有流鼻液,流泪,咳嗽,张口呼吸等临床症状。但二者的区别在于:鸡传染性支气管炎的病原为鸡传染性支气管炎病毒(IBV)。病鸡

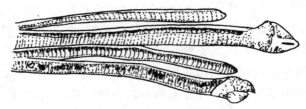

图 2-14　病鸡气管内有血性分泌物
（上面为正常鸡的气管）

喷嚏,伸颈甩头,呼吸有咕噜声,昏睡垂翅,常挤在一起,鼻窦肿胀。剖检可见气管内黏稠液呈干酪样,支气管见炎症灶和水肿,肝稍肿、呈土黄色,肾肿大、苍白,外观似油灰样,肾小管充满尿酸盐。用间接血凝试验可以判定。

(2)鸡传染性喉气管炎与鸡新城疫的鉴别:二者均有羽毛松乱,精神萎靡,冠髯发紫,鼻流黏液,张口呼吸,发出"咯咯"声,排绿色稀便等临床症状。但二者的区别在于:鸡新城疫的病原为鸡新城疫病毒。病鸡头颈下垂,嗉囊膨软,倒提即从口中流出酸臭液体。排黄绿或黄白稀便、有时带血、恶臭,有两肢麻痹,站立不稳、运动失调、瘫痪、曲颈、啄食不准等神经症状。剖检可见其腺胃及小肠黏膜出血等典型病变,产蛋鸡群的产蛋量下降更为严重。取鸡胚尿囊液做血凝试验和血凝抑制试验,尿囊液能凝集鸡的红血球,且新城疫免疫血清能抑制这种凝集作用。

(3)鸡传染性喉气管炎与禽流感的鉴别:二者均有流鼻液,流泪,咳嗽,有啰音,冠髯发紫,腹泻,排绿色稀便等临床症状。但二者的区别在于:禽流感的病原是鸡 A 型流感病毒(AIV)。羽毛松乱,头颈下垂,头、颈、声门水肿,鼻咽有红色渗出物,口腔黏膜出血,后期头腿麻痹、抽搐。剖检可见鼻窦、口腔有炎症,腺胃黏膜、肌胃角质膜下层、十二指肠出血,胸部肌肉、腹部脂肪、心脏有散在出血点,肝肿大、瘀血,肝、脾、肺、肾有黄色坏死灶。用 ELISA 和

Dot-ELISA(哈尔滨兽医研究所研制)试验盒可检出禽流感病毒。

（4）鸡传染性喉气管炎与鸡慢性呼吸道病的鉴别：二者均有咳嗽，呼吸有啰音，结膜炎等临床症状。但二者的区别在于：鸡慢性呼吸道病的病原为鸡毒支原体。病鸡打喷嚏，一侧或两侧眶下窦发炎肿胀致眼睛睁不开。黏稠的鼻液堵塞鼻孔常用翅膀擦拭，导致翅膀沾有鼻涕。剖检鼻孔、鼻窦、气管、肺有较多黏性浆性分泌物。有关节炎时关节肿胀，关节液如油状黏稠。用平板凝集反应为阳性。

（5）鸡传染性喉气管炎与鸡传染性鼻炎的鉴别：二者均有咳嗽，流鼻液，结膜炎等临床症状。但二者的区别在于：鸡传染性鼻炎的病原为鸡嗜血杆菌。传播迅速，打喷嚏，甩头，眼睑肿胀，一侧或两侧颜面肿胀。剖检可见鼻腔、眶下窦有炎症。

（6）鸡传染性喉气管炎与鸡线虫病（气管比翼线虫）的鉴别：二者张口呼吸，呼吸困难等临床症状。并均有气管内有大量黏液等剖检病变。但二者的区别在于：鸡线虫病的病原为线虫。病鸡食欲不振，口腔内充满多泡沫的唾液，剖检在口、喉头或见杈形虫体。

【防治措施】　本病目前尚无特效疗法，只能加强预防和对症治疗。

（1）坚持严格的隔离消毒防疫措施，易感鸡不可与病愈鸡或来历不明的鸡接触。新购进的鸡必须用少量的易感鸡与其作接触感染试验，隔离观察2周。若不发病，方可合群。

（2）在本病流行的早期如能做出正确诊断，立即对尚未感染的鸡群接种疫苗，可以减少死亡。但接种疫苗可以造成带毒鸡，因而在未发生过本病的地区，不宜进行疫苗接种。疫苗有两种，一种采用有毒的病株制成的，用小棉球将疫苗直接涂在泄殖腔黏膜即可（防止沾污呼吸道组织）。另一种是用致弱的病毒株制成，现已广泛应用，通过接种毛囊、滴鼻或点眼等途径都能产生良好免疫力。

（3）对症治疗

①泰乐菌素：每千克体重 3~6 毫克，肌内注射，连用 2~3 天；或在 1 000 毫升水中加 4~6 克，连饮 3~5 天。

②氢化可的松与土霉素：各取 0.5 克，溶解在 10 毫升注射用水中，用口鼻腔喷雾器喷入鸡喉部，每次 0.5~1 毫升，每天早晚各一次，连用 2~3 天。

③中药治疗：

Ⅰ. 用板蓝根 30 克，二花 15 克，败酱草 30 克，连翘 10 克，桔梗 10 克，甘草 5 克，水煎浓缩待温，用玻璃注射器给每只鸡灌服 10 毫升，每日 2 次，一般用 2 剂。

Ⅱ. 用二花 500 克煎汁，给 1000 只鸡饮水，每日 2 次，连用 2 天。

Ⅲ. 用柴胡 45 克，黄芩 45 克，二花 60 克，板蓝根 60 克，大青叶 60 克，蒲公英 90 克，甘草 60 克，水煎 3 次，每次 5 毫升，每日 2 次。

Ⅳ. 用蒲公英、柴胡、射干、牛蒡子、山豆根、玄参、桔梗、白芷各 15 克，杏仁、甘草各 10 克，煎汁拌料喂服（为 15~30 只鸡用量），每日 3 次。

Ⅴ. 六神丸 90 粒，加温水 100 毫升溶化，用毛笔蘸药涂抹于鸡口腔内，每日 3 次，连用 2~3 天。再于 0.5 千克饮水中加 10 片薄荷喉片饮服。

Ⅵ. 用黄连、青黛、薄荷、僵虫、白矾、朴硝各 15 克，用猪胆汁 50 毫升充分浸泡诸药，置阴凉处凉干制成散剂，装入棕色瓶内备用。用一长 10 厘米、宽 0.5 厘米的薄竹片蘸取 0.2~0.4 克（1 月龄以下小鸡用 0.1~0.2 克），慢慢放到病鸡喉部，6 小时 1 次，大鸡用 1 次治愈率达 94.5%，最多用 3 次，1 月龄内幼鸡用 2~3 次。

八、鸡传染性脑脊髓炎

鸡传染性脑脊髓炎（AE），是由鸡脑脊炎病毒引起的一种中枢神经损害性传染病。其特征为主要损害 1 月龄以内的雏鸡，病鸡腿软无力，瘫痪，头颈震颤。

【流行特点】 本病主要发生于鸡，各种年龄的鸡均可感染，但一般雏鸡在 1～2 日龄易感，7～14 日龄为最易感期。此外，火鸡、鹌鹑和野鸡也能经自然感染而发病。

本病一年四季均可发生，但主要集中在冬春两季。

本病既可水平传播，又能垂直传播。水平传播包括病鸡与健康鸡同居接触传染、出雏器内病雏与健雏接触传染以及媒介物（如污染的饲料、饮水等）在鸡群之间造成传染。由于该病毒可在鸡肠道内繁殖，因而病鸡的粪便对本病的传播更为重要。垂直传播是成年鸡感染病毒之后、产生抗体之前的短时期内，产生含病毒的蛋，孵出带病雏鸡。但是，康复鸡所产的蛋含有较高的母源抗体，可对雏鸡起到保护作用。

【临床症状】 鸡群流行性脑脊髓炎潜伏期为 6～7 天，典型症状多出现于雏鸡。患病初期，雏鸡眼睛呆滞，走路不稳。由于肌肉运动不协调而活动受阻，受到惊扰时就摇摇摆摆地移动，有时可见头颈部呈神经性震颤。抓握病鸡时，也可感觉其全身震颤。随着病程发展，病鸡肌肉不协调的状况日益加重，腿部麻痹，以致不能行动，完全瘫痪（见图 2-15）。多数病鸡有食欲和饮欲，常借助翅力移动到食槽和饮水器边采食和饮水，但许多病重的鸡不能移动，因饥饿、缺水、衰弱和互相践踏而死亡，死亡率一般为 10%～20%，最高可达 50%。4 周龄以上的鸡感染后很少表现症状，成年产蛋鸡可见产蛋量急剧下降，蛋重减轻，一般经 15 天后产蛋量尚可恢复。如仅有少数鸡感染时，可能不易察觉，然而在感染后 2～

3周内,种蛋的孵化率会降低,若受感染的鸡胚在孵化过程中不死,由于胎儿缺乏活力,多数不能啄破蛋壳,即使出壳,也常发育不良,精神萎靡,两腿软弱无力,出现头颈震颤等症状。但在母鸡具有免疫力后,其产蛋量和孵化率可能恢复正常。

图2-15　病鸡的腿麻痹;不能站立

【**病理变化**】　一般肉眼可见的剖检变化很不明显。一般自然发病的雏鸡,仅能见到脑部的轻度充血,少数病雏的肌胃肌层中散在有灰白区(这需在光线好并仔细检查才可发现),成年鸡发病则无上述变化。

【**鉴别诊断**】

(1)鸡传染性脑脊髓炎与鸡马立克氏病的鉴别:二者均有共济失调,双肢麻痹,脱水,消瘦等临床症状。并均有相同的神经病变。但二者的区别在于:鸡马立克氏病的病原为鸡马立克氏病毒,发病日龄较晚(3～4周龄发病),剖检可见外周神经变粗,各脏器均有大小不等的肿瘤。用羽毛作琼脂扩散试验(PPA),羽毛与中央孔之间出现沉淀线,呈阳性反应。

(2)鸡传染性喉气管炎与鸡病毒性关节炎的鉴别:二者均有不愿走动,逐渐消瘦,生长受阻,产蛋量下降等临床症状。但二者的区别在于:鸡病毒性关节炎的病原为呼肠孤病毒,自然发病多见于4～7周龄,跗关节肿胀,皮外可见皮下组织呈紫红色。剖检可见滑液囊充血、出血,关节腔有黄色或血色渗出液,或有脓,呈干酪样物,肌腱断裂且与周围组织粘连,用酶联免疫吸附试验(ELISA)双抗双心法可检出病毒性关节炎病毒。

(3)鸡传染性脑脊髓炎与鸡维生素 E 缺乏症的鉴别:二者均有精神沉郁,共济失调,行走不便,不能站立,成年鸡产蛋量及孵化率下降等临床症状。并均有脑膜充血、出血等剖检病变。但二者的区别在于:维生素 E 缺乏症的病因是维生素 E 缺乏,一般在 2 ~ 4 周龄发生,要比鸡传染性脑脊髓炎晚一些,病雏常伴有白肌病及渗出性物质,剖检可见小脑水肿,表现有出血点,脑内还有黄绿色浑浊的坏死区,而鸡传染性脑脊髓炎病在脑部无肉眼可见的明显变化。

(4)鸡传染性脑脊髓炎与鸡维生素 A 缺乏症的鉴别:二者均有精神沉郁,羽毛松乱,生长缓慢,消瘦,共济失调,走路不稳,驱赶、刺激时出现神经症状等等。但二者的区别在于:维生素 A 缺乏症的病因是维生素 A 缺乏,雏鸡流泪,角膜混浊、软化或穿孔,口腔有白色小结节,覆有豆渣样薄膜。成年鸡喙爪色浓,趾爪蜷缩。剖检可见咽喉黏膜有白色结节,覆有豆渣样膜,肾灰白色,肾小管、输尿管充满白色尿酸盐。

(5)鸡传染性脑脊髓炎与鸡维生素 D 缺乏症的鉴别:二者均有精神沉郁,共济失调,行走不便,不能站立,成年鸡产蛋量及孵化率下降等临床症状。但二者的区别在于:维生素 D 缺乏症的病因是维生素 D 缺乏,虽然最早可在 10 ~ 11 日龄发生,但一般要到 1 月龄后才发生,具有明显的骨软症而瘫痪;鸡传染性脑脊髓炎除表现雏鸡瘫痪外,其头颈部神经性震颤症状明显。

(6)鸡传染性脑脊髓炎与鸡维生素 B_2 缺乏症的鉴别:二者均有不愿走路,常以跗关节着地,腿麻痹,生长受阻等临床症状。但二者的区别在于:维生素 B_2 缺乏症的病因是维生素 B_2 缺乏,虽然也以飞节着地,以翅保持移动平衡,一般多在 2 ~ 3 周龄发生腹泻,足趾向内卷多在 2 周龄之后发生,趾爪明显,皮肤干而粗糙,据此易与鸡传染性脑脊髓炎相区别。

【防治措施】　本病目前尚无有效的治疗方法,应加强预防。

(1)在本病疫区,种鸡应于100~120日龄接种鸡传染性脑脊髓炎疫苗,最好用油佐剂灭活苗,也可用弱毒苗,以免病毒在鸡体内增强了毒力再排出,反而散布病毒。

(2)种鸡如果在饲养管理正常而且无任何症状的情况下产蛋突然减少,应请兽医部门作实验室诊断。若诊断为本病,在产蛋量恢复正常之前,或自产蛋量下降之日算起至少半个月以内,种蛋不要用于孵化,可作商品蛋处理。

(3)雏鸡已确认发生本病时,凡出现症状的雏鸡都应立即挑出淘汰,到远处深埋,以减轻同居感染,保护其他雏鸡。如果发病率较高,可考虑全群淘汰,消毒鸡舍,重新进雏。重新进雏时可购买原来那个种鸡场晚几批孵出的雏鸡,这些雏鸡已有母源抗体,对本病有抵抗力。

九、鸡病毒性肾炎

鸡病毒性肾炎(AVN),也称鸡传染性肾炎,是由鸡肾炎病毒引起的一种以侵害雏鸡肾脏并伴有生长迟滞的传染病。

【流行特点】　鸡病毒性肾炎的自然宿主是鸡,人工接种可导致火鸡发病。该病呈隐性感染,自然感染或人工感染鸡所表现出临床症状均不明显。该病多发生于2周龄以内的雏鸡,2周龄以上的鸡不易感染,但在感染鸡体内可测出病毒抗体。鸡肾炎病毒可经任何途径感染雏鸡,感染途径不影响该病毒对雏鸡的致病力。由于病毒在鸡粪便中可存活相当长的时间,所以经口感染而导致该病的广泛流行。

【临床症状】　自然感染和人工感染的鸡均难以观察到明显的临床症状。随着病程的发展,鸡群表现出生长缓慢,增重明显下降和肾脏损害。有时在感染鸡群也可观察到腹泻和肺炎。感染的肉鸡临床上往往表现生长停滞,个体矮小,呈僵鸡状。

【病理变化】　　本病的肉眼病变仅限于肾脏,肾脏苍白褪色,但不肿大,偶尔可见肾周围有尿酸盐沉积。此病变主要见于2周龄雏鸡。

【鉴别诊断】

(1)鸡病毒性肾炎与鸡肾型传染性支气管炎的鉴别:虽然二者均有肾脏病变,但鸡肾型传染性支气管炎呼吸道症状明显。呼吸困难,精神沉郁,厌食,排灰白色稀便或白色淀粉糊样稀便。剖检可见肾肿大、苍白,肾小管因尿酸盐沉积而变粗,心脏、肝脏表面有时也沉积尿酸盐,似一层白霜,泄殖腔内常有大量石灰膏样尿酸盐。法氏囊内充血、出血,黏液增多,有的可见呼吸道病变,有的不明显。

(2)鸡病毒性肾炎与鸡内脏型马立克氏病的鉴别:虽然二者均有肾脏病变,但鸡内脏型马立克氏病在几乎所有的内脏器官,如心脏、腺胃、卵巢、睾丸、肝脏、脾脏、胰腺等均可发生病变,尤以卵巢最为严重。

(3)鸡病毒性肾炎与鸡住白细胞原虫病的鉴别:虽然二者均有肾脏病变,但鸡住白细胞原虫病临床症状明显。病雏食欲减退,精神沉郁,体温升高,冠髯苍白,两翅瘫痪,流口涎,下痢,粪便呈绿色。剖检病尸消瘦,口流鲜血,全身皮下出血。肝、脾、肾肿大、出血,胸肌、腿肌有出血斑点和灰白色或灰黄色由裂殖体形成的小结节。采取病鸡静脉血、心血或肝、脾、肾组织涂片镜检,可观察到成熟配子寄生的宿主细胞。

(4)鸡病毒性肾炎与鸡内脏型痛风病的鉴别:虽然二者均有肾脏病变,但鸡内脏型痛风病肾脏尿酸盐沉积严重,肾小管因蓄积尿酸盐而变粗,使肾表现形成花纹。输尿管明显变粗,严重的有筷子甚至香烟粗,管内充满石灰样尿酸盐沉淀物。心、肝、脾、肠系膜及腹膜等,均覆盖一层白色尿酸盐,似薄膜状,刮取少许置显微镜下观察,可见到大量针状的尿酸盐结晶。

(5)鸡病毒性肾炎与鸡药物中毒的鉴别:虽然二者均有肾脏病变,但鸡药物中毒的临床症状明显,多有神经症状,剖检时,除肾脏外其他器官也有病变。

【预防措施】　本病目前尚无特殊疗法,常规的卫生管理及预防各种病原微生物的混合感染是必要的。

十、鸡白血病

鸡白血病(AL),是由禽白血病病毒引起的一种慢性传染性肿瘤病。因为鸡白血病病毒与鸡肉瘤病毒具有一些共同的重要特征,所以习惯上把它们放在一起,称之为白血病/肉瘤群。鸡白血病有多种类型,如淋巴细胞性白血病、成红细胞性白血病、成髓细胞性白血病、骨髓细胞瘤、内皮瘤等。其主要特征为病鸡血细胞和血母细胞失去控制而大量增殖,使全身很多器官发生良性或恶性肿瘤,最终导致死亡或失去生产能力。本病流行面很广,其中以淋巴细胞性白血病的发病率最高,其他类型比较少见。

【流行特点】　在自然感染条件下,本病仅发生于鸡,不同品种、品系鸡的易感性有一定差异。一般母鸡比公鸡易感,鸡的发病年龄多集中于6~18月龄以下,特别是4月龄以下很少发生,1岁半以上也很少发生。

发病季节多为秋、冬、春季,这可能与鸡的日龄有关。饲料管理不良、球虫病及维生素缺乏症等,能促使本病发生。

本病的传染源是病鸡和带毒鸡,后者在本病传播中起重要作用。母鸡整个生殖系统都有病毒繁殖,并以输卵管的蛋白分泌部病毒浓度最高。所以,本病主要传播方式是垂直传播,接触传播不太重要。由于带毒鸡所产的种蛋携带病毒,其孵出的雏鸡也带毒,成为重要的传染源。

本病虽污染广泛,但发病率很低,一般呈个别散发,偶尔大量发病。

【临床症状及病理变化】

(1)淋巴细胞性白血病:通常又称大肝病,是常见的一种,潜伏期可达 14～30 周之久。自然病例常于 14 周龄后出现,性成熟期发病率最高。本病无特征性症状,仅可见鸡冠苍白、皱缩、偶有发绀,体质衰弱,进行性消瘦,下痢,腹部常增大,有时可摸到肿大的肝脏。肿瘤主要发生于脾脏、肝脏和法氏囊,也见于肾、肺、心、骨髓等。肿瘤可分为结节型、粟粒型、弥漫型和混合型 4 种。结节型从针尖到鸡卵大,单在或大量分布。肿瘤一般呈球形,也可为扁平型。粟粒型的结节直径在 2 毫米以下,常大量均匀分布于肝实质中。弥漫型肿瘤使器官均匀增大、增重好几倍,色泽灰白,质地变脆。法氏囊一般肿大,并可见多发性肿瘤。

(2)成红细胞性白血病:本病有增生型和贫血型两种。增生型较常见,特征是血液中红细胞明显增多;贫血型的特征是显著贫血,血液中未成熟细胞少。两型病鸡早期均全身衰弱,嗜睡,鸡冠苍白或发绀,消瘦,下痢,毛囊多出血。病程从几天到几个月。病鸡全身贫血变化明显,肌肉,皮下组织及内脏器官常有小出血点。增生型的特征为肝、脾广泛肿大,肾肿较轻。病变器官呈樱桃红色。贫血型内脏常萎缩,特别是肝和脾。

(3)成髓细胞性白血病:临床症状与成红细胞性白血病相似,但病程后者长。其特征变化为血液中的成髓细胞大量增加,每毫升血液中可高达 200 个。

剖检时,病鸡骨髓坚实,红灰色到灰色。实质器官肿大,严重病例肝、脾、肾常有灰色弥散性浸润,使脏器呈颗粒状外观或有斑状花纹。

(4)骨髓细胞瘤病:病鸡的骨骼上常见由骨髓细胞增生形成

的肿瘤,因而病鸡的头部出现异常的突起,胸部与跗骨部有时也见有这种突起。病程一般较长。

(5)脆性骨质硬化型白血病(骨化石病):病鸡双腿发生不正常的肿大和畸形(见图2-16),走路不协调或跛行,发育不良,皮肤苍白,贫血。

图2-16　左图为病鸡的腿下部肿大、畸形,
呈"长靴样";右图为健康鸡

最常见的侵害是肢体的长骨。骨干或干骺端可见均匀或不规则增厚。晚期病鸡,胫骨具有"长靴样"特征。

剖检时,首先是胫骨、跗骨和跖骨骨干出现病变,其次是其他长骨、骨盆、肩胛骨和肋骨,趾骨常无变化,病变常呈两侧对称。病初在正常骨头上可见浅黄色病灶,骨膜增厚,骨呈海绵样,极易切断。逐渐向周围扩散,并进入骨骺端,骨头呈梭形。病变可由轻度外生骨疣,到巨大的不对称增大,乃至将骨髓腔完全堵塞不等,到后期则骨质石化,剥开时就露出坚硬多孔而不规则的骨石。

本病常与淋巴性白血病合并发生,所以内脏器官同时可以发现肿瘤病灶。如病鸡无并发症,内脏器官往往发生萎缩。

(6)血管瘤:用野毒对幼鸡接种,在3周到4个月可出现血管瘤。多数分离物或病毒株可引起本病,各种年龄的鸡都曾发现过。血管瘤常见单个发生于皮肤中,也常有多发的,瘤壁破溃可导致大量出血,瘤旁羽毛被血污染。病鸡苍白,常死于出血。

剖检时,因属血管系统的瘤,故常波及血管壁各层。皮肤中或内脏器官表面的血管瘤很像血疱,内脏的瘤中常可找到血凝块。海绵状血管瘤的特征是,由内皮细胞组成薄壁的血液腔显著扩张。毛细血管瘤是灰粉红色到灰红色的实心团。血管内皮可增生进入密集的团中,只留很小缝隙作为血液的通路,或者发展为有毛细管腔的格子状,或者成为由胶状囊支持的散在血管腔。值得注意的是血管瘤常与成红细胞性白血病和成髓细胞性白血病同时出现。

(7)肾真性瘤:多数病例发生于2~6个月龄的鸡。当肿瘤不大,无其他并发症时,不易见到症状。肿瘤长大时,病鸡消瘦,虚弱。一旦压迫坐骨神经,则发生瘫痪。

剖检时,瘤的外观,由埋藏于肾实质内的粉红灰色的结节,到取代大部分肾组织的淡灰色分叶的团块不等。瘤子由一根纤维性有血管的细柄与肾相连着。大瘤子常有囊肿,有时甚至占领两肾。有些瘤主要由增大的上皮内陷的小管与畸形肾小球构成的不规则团块,乃至类立方形只有很少管状结构的大形细胞组成,称之为腺瘤。也有发生囊肿的小管占优势的,称之为囊腺瘤。有的还可见角质化的分层鳞状上皮结构(珠子)、软骨或硬骨,这类生长物称之为肾真性瘤。

(8)结缔组织肿瘤:本病所指以病毒为病原迹象,具有传染性的结缔组织肿瘤。它包括纤维肉瘤和纤维瘤、黏液肉瘤和黏液瘤、组织细胞瘤、骨瘤和骨生成的肉瘤和软骨瘤。这些肿瘤有的是良性的,也有的是恶性的。良性瘤长得慢,不侵犯周围组织;恶性瘤长得快,发生浸润,能转移。

结缔组织肿瘤发展迅速,任何年龄的鸡均可发生。肿瘤可无限制地生长,常因继发细菌感染、毒血症、出血或功能障碍导致死亡。良性者可不致死,恶性者病程急剧的可在数日内死亡。

剖检时,可见纤维瘤、黏液瘤和肉瘤,这些最可能发生于皮肤或肌肉中;软骨或硬骨或混合组成的瘤,可发生于这两种组织中。恶性瘤的转移灶,最常发于肺、肝、脾和肠浆膜中。

【鉴别诊断】

(1)鸡淋巴细胞性白血病与鸡马立克氏病的鉴别:二者均有冠髯苍白,食欲减退,精神不振,消瘦等临床症状。并具备内脏有大小不等肿块,法氏囊肿大等剖检病变。但二者的区别在于:鸡淋巴细胞性白血病在4月龄之后发生,6～18月龄为主要发病期,马立克氏病此时已很少发生;淋巴细胞性白血病可见法氏囊发生结节性肿瘤,马立克氏则常引起法氏囊萎缩,个别病例法氏囊壁增厚,但无肿瘤;淋巴细胞性白血病不出现马立克氏病那样的麻痹、"灰眼"症状。

(2)鸡淋巴细胞性白血病与鸡传染性法氏囊病的鉴别:二者均有精神不振,食欲减退,下痢等临床症状。并均有法氏囊肿大等剖检病变。但二者的区别在于:鸡传染性法氏囊病的病原为鸡传染性法氏囊病病毒(IBDV)。鸡自啄肛门,头翅下垂,有冷感,微震颤。剖检可见肠黏膜、腺胃、肌胃浆膜下(尤其腺胃、肌胃交界处)有暗红色出血点或出血斑,胸肌、大腿侧肌有出血条纹。

(3)鸡淋巴细胞性白血病与鸡网状内皮组织增生病的鉴别:二者均有精神不振,食欲减退等临床症状。并具有脾、肝、胸腺法氏囊、胰腺结节性增生等剖检病变。但二者的区别在于:鸡网状内皮组织增生病的病原为网状内皮组织增生病病毒(REV)。病鸡生长停滞,羽毛生长不正常,躯干部位羽小支紧贴羽干。剖检可见胸腺萎缩、充血、水肿。肝、脾、胸腺、法氏囊、腺胃、性腺发生网状细胞弥散性和结节性增生(特征)。96孔培养板上用间接荧光抗体方法检验可确定。

(4)鸡淋巴细胞性白血病与鸡弯曲杆菌性肝炎的鉴别:二者

均有食欲不振,冠髯苍白、萎缩,消瘦,精神委顿、嗜睡,产蛋停止等临床症状。并均有肝肿大等剖检病变。但二者的区别在于:鸡弯曲杆菌性肝炎的病原为弯曲杆菌,急性病例多为雏鸡且腹泻。剖检可见青年鸡肝肿大 1~2 倍,色红黄或黄褐,切面、表面有粟粒至黄豆大坏死灶。成年鸡肝稍小,质脆或硬化,有星状坏死灶、呈网络状。从培养基挑起菌落或肝隙状窦挑取菌落,用免疫过氧化物染色,菌落呈棕褐色。

(5)鸡淋巴细胞性白血病与鸡球虫病的鉴别:二者均有精神委顿、嗜睡,食欲不振,冠髯苍白、贫血,下痢,渐进性消瘦等临床症状。但二者的区别在于:鸡球虫病的病原为艾美耳球虫,一般 3~4 周龄多发,嗉囊积食,稀粪含血或全血。剖检可见小肠发炎、肿胀、覆黏稠液、有小血块,盲肠肿胀、肥厚、呈棕红或暗红色,内容物为血液、凝血块或黄白色干酪样物。肠系膜刮取物或肠内容物镜检可见球虫卵囊和大配子。

(6)鸡淋巴细胞性白血病与鸡叶酸缺乏症的鉴别:二者均有生长迟缓,贫血,母鸡停止产蛋等临床症状。但二者的区别在于:鸡叶酸缺乏症的病因是叶酸缺乏,饲粮中给予补充,症状便有缓解。病鸡表现羽毛生长不良和色素缺乏,腿软弱,死亡的鸡胚胫骨弯曲,肝脾贫血,胃有小出血点,肠黏膜缺乏性炎症。

(7)鸡淋巴细胞性白血病与鸡弓形虫病的鉴别:二者均有食欲不振,消瘦,冠髯苍白、皱缩,下痢等临床症状。但二者的区别在于:鸡弓形虫病的病原为弓形虫,病鸡表现共济失调,歪头转圈,角弓反张,失明。剖检可见心包圆形结节,心包积液,前胃壁增厚、有些有溃疡,小肠明显结节增厚,肝、脾有坏死灶。用腹腔液或组织涂片、姬姆萨染色可见虫体。

【防治措施】　鸡白血病目前尚无有效的疫苗和治疗药物,只有加强预防措施,以杜绝本病的发生。

(1)定期进行种鸡检疫,淘汰阳性鸡,培育无白血病种鸡群。

(2)加强孵化室和鸡场的消毒卫生工作,从而切断包括经种蛋垂直传递传播途径。

十一、鸡减蛋综合征

鸡减蛋综合征(EDS-76),是由腺病毒引起的使鸡群产蛋率下降的一种传染病。其主要特征为产蛋量下降,蛋壳褪色,产软壳蛋或无壳蛋。本病可使鸡群产蛋率下降30%～50%,蛋的破损率可达38%～40%,无壳蛋、软壳蛋达15%,给养鸡生产造成了严重的经济损失。

【流行病诊断】 本病的易感动物主要是鸡,任何年龄、任何品种的鸡均可感染,尤其是产褐壳蛋的种鸡最易感,产白壳蛋的鸡易感性较低。幼鸡感染后不表现任何临床症状,也查不出血清抗体,只有到开产以后,血清才转为阳性,尤其在产蛋高峰期30周龄前后,发病率最高。

本病主要传染源是病鸡和带毒母鸡,既可垂直感染,也可水平感染。病毒主要在带毒鸡生殖系统增殖,感染鸡的种蛋内容物中含有病毒,蛋壳还可以被泄殖腔的含病毒粪便所污染,因而可经孵化传染给雏鸡。本病水平传播较慢,并且不连续,通过一栋鸡舍大约需几周。鸡粪是发病鸡水平感染的主要方式。因而平养鸡比笼养鸡传播快,鸡可以从喉及粪便中排泄病毒,此外,鸡蛋和盛蛋工具经常在鸡场间随便流行,这中间受感染的蛋鸡在产蛋中可能是一种非常重要的水平传播来源。

【临床症状】 发病鸡群的临床症状并不明显,发病前期可发现少数鸡拉稀,个别呈绿便,部分鸡精神不佳,闭目似睡,受惊后变得精神。有的鸡冠表现苍白,有的轻度发紫,采食、饮水略有减少,体温正常。发病后鸡群产蛋率突然下降,每天可下降2%～4%,连续2～3周,下降幅度最高可达30%～50%,以后逐渐恢复,但很难恢复到正常水平或达到产蛋高峰。在开产前感染时,产蛋率达不到高峰。蛋壳褪色(褐色变为白色),产异状蛋、软壳蛋、无壳蛋的数量明显增加。

【病理变化】　　本病基本上不死鸡,病死鸡剖检后病变不明显。剖检产无壳蛋或异状蛋的鸡,可见其输卵管及子宫黏膜肥厚,腔内有白色渗出物或干酪样物,有时也可见到卵泡软化,其他脏器无明显变化。

【鉴别诊断】

(1)鸡减蛋综合征与鸡传染性支气管炎的鉴别:鸡传染性支气管炎除了产蛋减少,产软壳蛋、粗壳蛋、异状蛋之外,还具有明显的呼吸道症状,如气管啰音、喘息、咳嗽等,而鸡减蛋综合征无此现象。

(2)鸡减蛋综合征与非典型鸡新城疫的鉴别:虽然非典型鸡新城疫也能引起产蛋减少,产软壳蛋,但同时在鸡群中出现零星病死鸡,当全鸡群检测新城疫抗体时抗体下降或者消失,而对病死鸡剖检可发现鸡喉头气管黏膜、腺胃乳头、盲肠扁桃体、直肠及泄殖腔等处黏膜出血,减蛋综合征无此症状和病变。

(3)鸡减蛋综合征与鸡病毒性关节炎的鉴别:鸡病毒性关节炎也可导致鸡产蛋量下降,但其病原为呼肠孤病毒,病鸡跗关节肿胀,不愿走动,勉强驱赶时步态不稳,剖检可见关节有黄色或血色分泌物,肌腱断裂与周围组织粘连。鸡减蛋综合征则无此症状和病变。

(4)鸡减蛋综合征与鸡脑脊髓炎的鉴别:鸡脑脊髓炎也可导致其产蛋率下降,但其病原为禽脑脊髓炎病毒,病鸡表现为行动迟缓,走几步即蹲下,常以跗关节着地,驱赶时跗关节走路并拍打翅膀,眼晶体混浊,失明。剖检可见脑膜充血、出血,神经元肿大,树突轴突消失。鸡减蛋综合征则无此症状和病变。

(5)鸡减蛋综合征与鸡脂肪肝综合征的鉴别:鸡脂肪肝综合

征是鸡的一种代谢病,虽然病鸡也表现产蛋率突然下降,但该病主要发生于肥胖鸡,鸡冠苍白,死亡率高。剖检病死鸡可发现肝肿大,易碎,呈黄褐色,肝破裂出血。鸡减蛋综合征则无此症状和病变。

(6)鸡减蛋综合征与鸡维生素 A、维生素 D、钙缺乏症的鉴别:鸡缺乏维生素 A、维生素 D 和矿物质钙时,由于卵壳腺机能不正常,缺乏钙质原料,不能分泌充足的壳质等,因而产软壳蛋、无壳蛋,但饲料中添加钙和维生素 A、D 后便很快会恢复。

【防治措施】　本病目前尚无有效的治疗方法,只能加强预防。

(1)未发生本病的鸡场应保持本病的隔离状态,严格执行全进全出制度,绝不引进或补充正在产蛋的鸡,不从有本病的鸡场引进雏鸡或种蛋。注意防止从场外带进病原污染物。

(2)在本病流行地区可用疫苗进行预防,蛋鸡可在开产前 2～3 周肌内注射灭活的油乳剂疫苗 0.5～1.0 毫升。

十二、鸡包涵体肝炎

鸡包涵体肝炎(IBH),是由腺病毒引起的一种鸡肝脏损害性传染病。其主要特征为病鸡皮下、胸肌、大腿肌等处肌肉出血,肝脏损害,其颜色以黄色、褐色、出血和贫血混合存在。

【流行特点】　本病多发于鸡 3～7 周龄,较集中在 5 周龄前后,感染过法氏囊炎的鸡群易于发病。

本病的主要传染源是病鸡和带毒鸡,主要通过呼吸道、消化道及眼结膜等感染。本病既可垂直传播,又可水平传播。种鸡在开产前不久或产蛋期中感染本病时,在 1～2 周内种蛋含有病毒,可经孵化传染给雏鸡。感染鸡也可随粪便排出病毒污染环境,并通过各种媒介进行水平传播。一般来说,本病水平传播的速度比较缓慢。

【临床症状】　感染本病的鸡群,初期症状不明显,但出现个别鸡突然死亡,并多为体况良好的鸡。经2～3天后少数鸡精神萎靡,食欲不振,嗜睡,有的鸡头部苍白,冠髯褪色,皮肤呈黄色,并可见皮下出血。有的鸡排水样便。病鸡两腿无力,极度消瘦,不久因衰竭而死亡。轻症鸡数日后即可耐过恢复,多数无症状的感染鸡体重减轻,饲料利用率降低,呈一过性减蛋。

本病在鸡群中可持续1～2周,发病鸡死亡率低。典型发病的鸡群,死亡率在发病后3～5天增加,每天的死亡率为0.5%～1.0%,可持续3～5天,以后逐渐停止。本病有时伴发大肠杆菌病、葡萄球菌病、呼吸道传染病、新城疫等,则病程拖长,死亡率较高。

【病理变化】　肝肿大,表面有不同程度的出血点和出血斑,有的病例出血可波及到肝的全部,剖面实质部也可见到出血变化。死亡鸡的肝脏变化颇为明显,有的可见到大小不等的坏死灶,有时坏死灶和出血相混合。肝表面有凹凸不平之感,肝褪色呈淡褐色至黄色,质脆。病程长的鸡肝萎缩。有细菌感染时可发生肝周炎。无临床症状的感染鸡,有的可见到肝褪色变化。

有的病例可见到骨髓病变,大腿骨的骨髓多呈桃红色或粉红色,病毒侵犯骨髓的病鸡多表现贫血。胸肌、腿部的骨骼肌、皮下组织、内脏的脂肪组织、肠的浆膜面可见到明显的出血。骨髓的变化及全身的出血性变化与磺胺类药物中毒的变化极其相似。

另外,剖检还可见到法氏囊萎缩、脾肿大、肾肿大和输尿管扩张等病变。

【鉴别诊断】

(1)鸡包涵体肝炎与鸡减蛋综合征的鉴别:两种病均由腺病毒引起,发病初期症状均不明显,且均有产蛋减少现象。但鸡减蛋综合征多发于产蛋高峰期30周龄前后,产蛋率下降幅度较大,软壳蛋、异状蛋明显增多,病死鸡剖检后病变不明显;而鸡包涵体肝炎多发于3～7周龄,成鸡感染后产蛋率下降幅度较小,且持续时间短,病死鸡剖检后病变明显,如胸腿肌肉出血,肝、脾、肾肿大,法氏囊萎缩等。

(2)鸡包涵体肝炎与鸡传染性法氏囊炎的鉴别:两种病均发生法氏囊萎缩,胸腿肌肉出血等病变。但鸡传染性法氏囊炎是全群鸡都发病,呈严重病态,法氏囊呈现由肿胀到萎缩的一系列病变,肝脏则一般无病变。

(3)鸡包涵体肝炎与鸡传染性贫血的鉴别:二者均有精神不振,羽毛松乱,生长不良,冠髯、头部皮肤苍白等临床症状。但二者的区别在于:鸡传染性贫血的病原为传染性贫血病毒,病鸡腹泻普遍,血稀如水。剖检可见肌肉和内脏器官苍白,肝、肾肿大、褪色或呈淡黄色。大腿骨髓呈淡黄色或粉红色,胸腺萎缩(特征)、呈深红褐色,红细胞每立方毫米 200 个,白细胞 5 000 个。用病料 1:10 稀释于肌肉或腹腔接种 1 时龄 SPF 雏鸡,可见典型症状和病理变化。

(4)鸡包涵体肝炎与鸡脂肪肝综合征的鉴别:二者均有精神不振,生长不良等临床症状。并均有肝色浅、肿大、质脆等剖检病变。鸡脂肪肝综合征的病因是日粮中糖类多,羽毛生长不良,喙周围皮肤发炎,足趾干裂。剖检可见肝苍白、肾肿,呈多样颜色,心肌苍白,心肌脂肪呈淡红色,肾近曲管和肝存在大量脂类。

(5)鸡包涵体肝炎与鸡球虫病的鉴别:二者均有精神不振,羽毛松乱,生长不良,冠髯、头部皮肤苍白等临床症状。但二者的区别在于:鸡球虫病的病原为艾美耳球虫,一般 3~4 周龄多发,嗉囊积食,稀粪含血或全血。剖检可见小肠发炎、肿胀、覆黏稠液、有小血块,盲肠肿胀、肥厚、呈棕红或暗红色,内容物为血液、凝血块或黄白色干酪样物。肠系膜刮取物或肠内容物镜检可见球虫卵囊和大配子。

(6)鸡包涵体肝炎与鸡叶酸缺乏症的鉴别:二者均生长不良,冠髯、头部皮肤苍白等临床症状。但二者的区别在于:鸡叶酸缺乏症的病因是叶酸缺乏,羽毛生长不良或色素缺乏。有些病鸡骨粗短。剖检可见肝、脾、肾贫血,胃有小血点,肠黏膜有出血性炎症。

(7)鸡包涵体肝炎与鸡磺胺类药物中毒鉴别:鸡磺胺类药物中毒时,除出现肝、脾、肾肿大;肝脏出血、骨髓呈粉红色之外,消化道严重出血,且病鸡表现明显的神经症状。

【防治措施】　由于本病病原的血清型较多,目前尚无良好的疫苗用于预防。

(1)加强卫生消毒,防止腺病毒侵袭鸡群,并预防其他传染源的混合感染,特别要注意传染性法氏囊炎的预防。

(2)发生本病的鸡场,在饲料中可添加复合维生素以增强鸡的抵抗力,也可在饲料中添加抗生素以防止细菌的混合感染。

十三、鸡病毒性关节炎

鸡病毒性关节炎(VA),又称鸡病毒性腱鞘炎,是由呼肠孤病毒引起的一种传染病。其主要特征为病鸡腿部关节肿胀,腱鞘发炎,继而使腓肠腱断裂,从而导致鸡行动不便,采食困难,甚至不能行动。

【流行特点】　本病只发生于鸡,5~7周龄的鸡易感。病毒可通过呼吸道或消化道侵入鸡体,在鸡群中迅速传播,一般多为隐性感染,不表现明显症状。

【临床症状】　雏鸡感染后发病多在3~4周龄以后,初期步态稍见异常,逐渐发展为跛行,跗关节肿胀,病鸡喜坐在关节上,驱赶时才跳动。患肢不能伸张,不敢负重,当腱断裂时,趾屈曲,病程稍长时,患肢多向外扭转,步态蹒跚,这种症状多见于大雏或成鸡。病鸡发育不良,贫血,消瘦,有时排白色稀便,体况长时间内不能恢复。

【病理变化】　病变主要表现在患肢的跗关节,关节上下周围肿胀,切开皮肤可见到关节上部腓肠腱水肿,关节腔充满淡红色透明滑膜液,如无细菌混合感染时,见不到脓样渗出物,趾曲腱和腓肠腱周围水肿,根据病程的长短,有的周围组织可与骨膜脱离。大雏或成鸡易发生腓肠腱断裂。由于腱断裂,局部组织可见到明显的血液浸润。如发生在换羽时期,可在皮肤外见到皮下组织呈红紫色,关节液增加。慢性病程的鸡(主要是成鸡)腓肠腱增厚、硬化,和周围组织黏着、纤维化,有的在切面可见到肌腱交接部发生的不全断裂和周围组织粘连,失去活动性,关节腔有脓样、干酪样渗出物。

【鉴别诊断】

(1)鸡病毒性关节炎与鸡大肠杆菌关节炎及滑膜炎的鉴别:二者均有趾关节病变,但鸡病毒性关节炎的症状及病变比较严重,且有腓肠腱断裂现象。有些抗生素及磺胺类药物对大肠杆菌关节炎及滑膜炎有一定效果,而对病毒性关节炎无效。

(2)鸡病毒性关节炎与鸡支原体病的鉴别:二者均有关节病变,但鸡支原体病有明显的咳嗽、喷嚏、流鼻液等呼吸道症状,且强力霉素、壮观霉素、氯霉素等对鸡支原体病有效,而对病毒性关节炎无效。

(3)鸡病毒性关节炎与关节炎型葡萄球菌病的鉴别:二者均有关节炎病变,但葡萄球菌病足趾病变严重,有的可出现趾瘤,且有些抗生素对该病有效。

【防治措施】 本病目前尚无有效疗法,只能加强预防。

(1)加强环境卫生管理,定期消毒鸡舍,以防止病毒侵袭。

(2)接种疫苗:接种疫苗主要用于种鸡,可在开产前2～3周肌内注射油乳剂灭活苗,使雏鸡获得较多的母源抗体。此外,雏鸡也可在2周龄时先接种一次弱毒疫苗,在开产前再注射一次油乳剂灭活苗。

十四、鸡传染性生长障碍综合征

鸡传染性生长障碍综合征(ISS)是由病毒(该病毒至今未确认,一般认为是一种呼肠孤病毒)引起的一种传染病,其主要特征为病鸡身体弱小,精神不振,羽毛生长差,腿部软弱无力而表现瘸腿等。

【流行特点】 本病主要发生于鸡,对肉鸡危害严重,而对蛋鸡不产生明显影响,不同品系的肉鸡对本病的易感性稍有差异。

本病既可水平传播,又能垂直传播。子代鸡群发病可能与产蛋时种鸡的年龄有关。据报道,发病鸡群多是青年母鸡的后代,种母鸡的年龄通常在 24～30 周龄。雏鸡感染后 4 日龄即可发病,8～12 日龄死亡率开始增加,最高可达 12%～15%。

【临床症状】 病鸡身体弱小,精神不振,羽毛松乱,无光泽,颈部常留有绒羽,少数病鸡有许多断裂的羽毛。腿软无力或瘸腿,喙、腿颜色苍白,腹部胀满,腹泻,排出黄褐色黏液性粪便。3 周龄病鸡骨骼的发育呈佝偻病变化,长骨质脆或易弯曲,这种变化在 4 周龄时特别明显。

病鸡在 1 周龄后明显小于健康鸡,在 2～4 周龄时其活重只及正常鸡的 50%～70%,少数病鸡只及正常鸡的 1/3 大小,严重病鸡在 4～8 周龄的活重甚至不到 200 克。

【病理变化】 大腿部位肌肉色素消失,大腿骨骨质疏松,大腿骨头坏死和断裂。腺胃增大,并伴有腺胃胀满和肌胃缩小,可能有糜烂和溃疡。肠道肿胀,肠壁薄脆,有出血性和卡他性肠炎;肠道可见有消化很差的饲料,在下部肠管中含有消化很差的特征性的橘红色黏液性物质。几乎所有病鸡都有局灶性心肌炎,心包液增加,胆囊空虚,法氏囊、胸腺和胰腺萎缩。许多病鸡的盲肠内充满黄色带气体、泡沫和液体性的消化物。

【鉴别诊断】

(1)鸡传染性生长障碍综合征与鸡传染性贫血的鉴别:二者均有精神不振,羽毛松乱,生长不良等临床症状。但二者的区别在于:鸡传染必贫血的病原为传染性贫血病毒,病鸡腹泻普遍,血稀如水。剖检可见肌肉和内脏器官苍白,肝、肾肿大、褪色或呈淡黄色。大腿骨髓呈淡黄色或粉红色,胸腺萎缩(特征)、呈深红褐色,红细胞明显减少。用病料1: 10稀释于肌肉或腹腔接种1时龄SPF雏鸡,可见典型症状和病理变化。

(2)鸡传染性生长障碍综合征与鸡病毒性关节炎的鉴别:二者均有精神不振,羽毛松乱,生长不良、瘸腿、腹泻等临床症状。但二者的区别在于:鸡病毒性关节炎的病原为呼肠孤病毒,自然发病多见于4~7周龄,跗关节肿胀,皮外可见皮下组织呈紫红色。剖检可见滑液囊充血、出血,关节腔有黄色或血色渗出液,或有脓,呈干酪样物,肌腱断裂且与周围组织粘连,用酶联免疫吸附试验(ELISA)双抗双心法可检出病毒性关节炎病毒。

(3)鸡传染性生长障碍综合征与鸡关节型葡萄球菌病的鉴别:二者均有羽毛松乱,生长不良、瘸腿等临床症状,但葡萄球菌病足趾病变严重,有的可出现趾瘤,且有些抗生素对该病有效。病料切片染色镜检,可发现葡萄球菌。

(4)鸡传染性生长障碍综合征与鸡白痢的鉴别:二者均有食欲减退,精神不振,羽毛松乱,生长不良、腹泻等临床症状。但二者的区别在于:鸡白痢的病原为白痢沙门氏菌。雏鸡出壳后即可发病,有时出壳10多天才出现白痢,幼雏因肛门周围绒毛与粪便干结封住肛门不能排而鸣叫,人工剥去干结物粪便即喷射而出。幸存者发育不良,有气喘和关节炎。剖检可见早期死亡的肝肿大充血,有条纹出血,卵黄囊吸收不好。病程长的,心、肝、肺、盲肠、大肠和肌胃有坏死灶,盲肠有干酪样物。用马丁肉汤培养基培养,根据菌落和生化特性可以鉴别鸡白痢菌落和本菌。

(5)鸡传染性生长障碍综合征与鸡球虫病的鉴别：二者均有精神不振,羽毛松乱,生长不良,腹泻等临床症状。但二者的区别在于:鸡球虫病的病原为艾美耳球虫,一般 3~4 周龄多发,嗉囊积食,稀粪含血或全血。剖检可见小肠发炎、肿胀、覆黏稠液、有小血块,盲肠肿胀、肥厚、呈棕红或暗红色,内容物为血液、凝血块或黄白色干酪样物。肠系膜刮取物或肠内容物镜检可见球虫卵囊和大配子。

(6)鸡传染性生长障碍综合征与鸡维生素 A 缺乏症的鉴别:二者均有精神沉郁,羽毛松乱,生长缓慢,消瘦等临床症状。但二者的区别在于:维生素 A 缺乏症的病因是维生素 A 缺乏,雏鸡流泪,角膜混浊、软化或穿孔,口腔有白色小结节,覆有豆渣样薄膜。成年鸡喙爪褪色,趾爪蜷缩。剖检可见咽喉黏膜有白色结节,覆有豆渣样膜,肾灰白色,肾小管、输尿管充满白色尿酸盐。

(7)鸡传染性生长障碍综合征与鸡维生素 D、钙、磷缺乏症的鉴别:二者均有精神沉郁,羽毛松乱,生长缓慢,消瘦,腹泻、瘸腿等临床症状。但二者的区别在于:维生素 D、钙、磷缺乏症的病因是维生素 D、钙、磷缺乏,病鸡两腿无力,步态不稳,患软骨症,腿骨变脆易折断,喙和趾变软弯曲。剖检可见肋骨失去正常的硬度,在椎肋与胸肋结合处向内弯曲,椎肋与肋骨结合处肋骨的内侧有界限明显的球状突起,呈串珠状,一些肋骨在这一区域甚至发生自发性折裂。

【防治措施】 本病目前特效的防治方法,应采取综合性预防措施。

(1)加强鸡场的卫生防疫工作 每批鸡饲养结束后,必须更换垫料,并进行清扫消毒。不用病鸡蛋作种用,孵化室及其用具认真进行清理消毒,对控制本病的发生亦有重要意义。

(2)接种疫苗 种鸡和肉用仔鸡均应接种传染性法氏囊病疫苗,以保护法氏囊这一免疫器官,增强鸡的抗病能力。

（3）增加日粮营养，投药治疗 在肉用仔鸡的日粮中添加0.05%硫酸铜，每千克饲粮中添加维生素 E 100 单位、硒 0.25 毫克可减少该病的发生和死亡，适当提高饲料的能量水平和增加含硫氨基酸水平，使用新霉素（混料比例为 70～140 毫克/千克，混水浓度为 35～70 毫克/千克）和杆菌肽（每只雏鸡内服量为 20～50 单位，肉用仔鸡 40～100 单位，青年鸡 100～200 单位，成年鸡 200 单位，每天用药 1 次。）可获一定的效果。

十五、鸡传染性贫血病

鸡传染性贫血病（CIA），是由病毒所引起的，其主要特征为病鸡表现再生障碍性贫血和淋巴组织萎缩，导致严重的免疫抑制，从而易继发细菌、病毒和真菌感染。

【流行特点】 雏鸡对本病易感，其易感性的高低与母源抗体的存在密切相关。母源抗体对雏鸡有保护作用，即有母源抗体的雏鸡只发生感染并排毒，但不发病。母源抗体一般可持续 3 周龄。

本病可垂直感染。经垂直感染（种蛋传递）的雏鸡，一般在出壳后 2～3 周龄发病。

【临床症状】 一般在感染后 10 天发病，病鸡表现沉郁、衰弱、消瘦和体重减轻。一般在发病后 2 天，病鸡开始出现死亡，死亡高峰多在发病后的 5～6 天，然后逐渐下降，再过 5～6 天恢复正常。濒死鸡有的腹泻，有的全身出血或头颈部皮下出血、水肿。血稀如水，血凝时间延长，血细胞比容值可下降到 20% 以下，严重者甚至可降到 10% 以下，红、白细胞数显著减少，可分别降到 100 万/毫米^3 和 5 000/毫米^3 以下。

【病理变化】 主要表现为骨髓萎缩，呈黄白色，胸腺和法氏囊显著萎缩，心变圆，肝、脾、肾肿大、褪色。有时肝黄染，有坏死灶，质脆。骨髓肌和腺胃固有层黏膜出血，严重贫血鸡可见肌胃黏膜糜烂或溃疡。部分病鸡有肺实质病变,心肌、真皮及皮下出血。

【鉴别诊断】

(1)鸡传染性贫血症与鸡传染性法氏囊病的鉴别:两种病均有发生法氏囊萎缩、腺胃黏膜出血等病变。但鸡传染性法氏囊病病鸡的病态严重,法氏囊呈现由肿胀到萎缩的一系列病变,肝、脾、肾则一般无明显病变。

(2)鸡传染性贫血症与鸡包涵体肝炎的鉴别:二者均有精神委顿,羽毛松乱,生长不良,冠髯、头部皮肤苍白等临床症状。但二者的区别在于:鸡包涵体肝炎的病原为腺病毒Ⅰ群,死亡率比较高,发病3~5天内成批死亡。剖检可见肝肿大、色浅、质脆,肝和肌肉有出血斑,肝细胞中有大而圆或不规则形的嗜酸性或嗜碱性核内包涵体,气管有卡他性炎和大量黏性分泌物,气囊呈云雾状混浊,用荧光抗体试验即可获得结果。

(3)鸡传染性贫血症与鸡葡萄球菌病的鉴别:二者均有精神委顿,羽毛松乱,生长不良,贫血等临床症状。并均有骨骼肌、消化道黏膜出血等剖检病变。但二者的区别在于:鸡葡萄球病的病原为葡萄球菌,具有关节炎症状和趾瘤等病变,用一些抗菌类药治疗有效,病料切片染色镜检,可检出葡萄球菌。

(4)鸡传染性贫血症与鸡弓形虫病的鉴别:二者均有冠髯苍白,消瘦,贫血,下痢等临床症状。但二者的区别在于:鸡弓形虫病的病原为弓形虫。病鸡排白色稀粪,共济失调,震颤,痉挛性收缩,角弓反张,歪头,失明,兜圈圈。剖检可见心包膜有圆形结节,前胃胃壁增厚,有些有溃疡,小肠有明显结节,肝、脾有坏死灶,腹腔液或组织涂片镜检可见弓形虫。

(5)鸡传染性贫血症与鸡棉籽饼中毒的鉴别:二者均有精神委顿,食欲降低,冠髯苍白,消瘦,贫血,下痢等临床症状。但二者的区别在于:鸡棉籽饼中毒的病因是长时间喂棉籽饼而发病,产蛋量下降,蛋黄呈茶青色,蛋清发红。剖检可见卵巢和输卵管萎缩。

（6）鸡传染性贫血症与鸡磺胺类药物中毒的鉴别：二者均有精神萎顿，食欲降低，冠髯苍白，消瘦，贫血，下痢等临床症状。并均有骨骼肌、消化道黏膜出血和肝、脾、肾等剖检病变。但二者的区别在于：鸡磺胺类药物中毒的病因是投药过量所致，病鸡消化道出血严重，且有明显的神经症状。

【防治措施】　本病目前尚无有效的治疗方法，平时加强饲养管理，搞好环境卫生，及时接种法氏囊病疫苗和马立克氏病疫苗，以防止环境因素影响和其他传染病的免疫抑制。CAIV 活疫苗，可通过饮水免疫对种鸡在 13～15 周龄进行免疫接种，能有效防止子代发病。减毒的 CAIV 活疫苗，可通过肌肉、皮下或翅膀对种鸡进行接种。如果后备鸡群血清学呈阳性反应，则不宜进行免疫接种，需加强检疫，防止带毒鸡进入健康鸡群。

十六、鸡肿头综合征

肿头综合征是一种传染性疾病，其主要特征为病鸡头、脸部肿胀。

【流行特点】　本病常见于 4～7 周龄的商品肉鸡，也见于成年蛋鸡，传播迅速，2 日内可波及全场各鸡群。根据饲养管理和治疗情况的不同，发病率一般为 10%～50%、死亡率为 1%～20%，病程为 10～14 天。

环境因素对本病的发生影响很大，潮湿、浓氨、通风不良和鸡密度过高，常是促使本病发生和流行的主要因素。

【临床症状】　病初出现喷嚏或发生咯咯声。一天内可见结膜潮红和泪腺肿胀。接着可见少数鸡眼睑、眼周围及头部水肿，2～3 天后，头、眼睑显著水肿，结膜发炎，因泪腺肿胀，内眼色呈卵圆形隆起，眼睛闭合。有的下颌、颈上部和肉髯也出现水肿。少数鸡出现斜颈、转圈、共济失调和角弓反张。常见有腹泻，粪便呈绿色、恶臭。病鸡常因无法采食或由某些条件性致病菌导致的败血症而死亡。蛋鸡产蛋量仅在几天内略有下降,如果条件改善很快恢复正常。

【病理变化】　病死鸡剖检可见眼结膜炎,头、面部及眼睑周围皮下组织严重水肿,切开时可见胶冻样浸润。泪腺、结膜囊和面部皮下组织中有数量不等的干酪样渗出物。气管下部有小出血点。死鸡多伴发卵黄性腹膜炎。

【鉴别诊断】

(1)鸡肿头综合征与禽流感的鉴别:二者均有精神委顿,羽毛松乱,打喷嚏,斜颈、转圈、共济失调,腹泻、绿便,肿头等临床症状。但二者的区别在于:禽流感的病原是鸡 A 型流感病毒(AIV)。病鸡头颈下垂,头、颈声门水肿,鼻咽有红色渗出物,口腔黏膜出血,后期头腿麻痹、抽搐。剖检可见鼻窦、口腔有炎症,腺胃黏膜、肌胃角质膜下层、十二指肠出血,胸部肌肉、腹部脂肪、心脏有散在出血点、肝肿大、淤血,肝、脾、肺、肾有黄色坏死灶。用 ELISA 和 Dot-ELISA(哈尔滨兽医研究所研制)试验盒可检出禽流感病毒。

(2)鸡肿头综合征与鸡传染性鼻炎的鉴别:二者均有打喷嚏,甩头,眼睑、颜面肿胀,下颌部、肉髯水肿,眼结膜充血肿胀等临床症状。但二者的区别在于:鸡传染性鼻炎的病原是副嗜血杆菌,颜面肿胀一侧或两侧。剖检可见鼻腔眶下窦黏膜充血肿胀、覆有黏性分泌物。用眼鼻分泌物在血液琼脂平板上与金黄色葡萄球菌交叉接种,可见葡萄球菌菌落周围本菌旺盛生长发育并呈卫星现象,将此细菌涂片染色镜检,可见革兰氏阴性嗜血杆菌。

(3)鸡肿头综合征与鸡慢性呼吸道病的鉴别:二者均有打喷嚏,摇头,眼睑肿胀,运动失调等临床症状。但二者的区别在于:鸡慢性呼吸道病的病原为鸡毒支原体。病鸡表现一侧或两侧眶下窦发炎肿胀,常有鼻液堵塞鼻孔,用翅拂擦翅羽有鼻液。剖检可见鼻孔、鼻窦、气管有较多黏液,气囊有干酪样渗出物,心包炎,肝周炎,用平板凝集反应可见明显的凝集颗粒。

（4）鸡肿头综合征与鸡大肠杆菌病（全眼球炎）的鉴别：二者均有羽毛松乱，精神不振，眼睑肿胀等临床症状。但二者的区别在于：鸡大肠杆菌病原为大肠杆菌。病鸡表现眼皮肿胀，不能睁眼，眼内蓄积脓性渗出物。剖检可见纤维素性心包炎，心包膜肥厚、混浊，纤维素和干酪状渗出物混在一起附着在心包膜表面。肝脏有大小不等的坏死斑，脾脏充血肿胀。

（5）鸡肿头综合征与鸡弓形虫病的鉴别：二者均有食欲不振，步态不稳，共济失调，歪头，角弓反张等临床症状。但二者的区别在于：鸡弓形虫病的病原为弓形虫。病鸡厌食消瘦，鸡冠苍白萎缩，贫血，歪头和失明。剖检可见心包、小肠有圆形结节，前胃壁增厚，肝、脾有坏死灶。用腹腔液涂片镜检可见弓形虫。

（6）鸡肿头综合征与鸡磺胺类药物中毒的鉴别：二者均有精神沉郁，食欲不振，共济失调，头部肿大等临床症状。但二者的区别在于：鸡磺胺类药物中毒的病因是磺胺类药物服用过多所致。病鸡渴欲增加，腹泻，头部呈蓝紫色，溶血性贫血。剖检可见皮肤、肌肉、内脏器官出血，皮下有大小不等出血斑，肾呈土黄色、表面有紫红色出血斑，肾盂、肾小管充血、有磺胺结晶，输尿管充血、有尿酸盐，心外膜出血。

【防治措施】　对本病目前尚无特异的免疫和治疗方法。必须采取综合措施，改善饲养管理，加强防疫卫生，在保证鸡舍内适宜温度的条件下应做好通风换气。对发病鸡群可给予抗生素或磺胺类药物以控制并发性细菌感染。此外，有报道认为，本病连用3天氟甲喹效果较好。

十七、鸡喘咳症

以喘咳症状为主的呼吸困难的疾病，称为鸡喘咳症。其病程长短不一,有的几天、10多天,有的延续到出栏,降低了养成鸡的经济效益。

【致病因素】

(1)代谢病引起的喘咳:肉仔鸡腹水症,往往因大量浆液性液体充满腹腔,压迫肺脏而引起喘咳;胸囊肿往往因腹式呼吸而出现喘咳。

(2)细菌性疾病引起喘咳:副鸡嗜血杆菌和鸡败血霉形体能直接引起喘咳,大肠杆菌、巴氏杆菌、曲霉菌等细菌混合感染后,出现综合征状,并伴有喘咳症。

(3)病毒性疾病引起喘咳:主要有鸡新城疫、传染病性支气管炎、传染性喉气管炎、传染性法氏囊炎、禽流感等。

(4)饲养管理不当引起喘咳:饲养时,使用不去毒的毒棉籽饼或用量过大,或食盐用量过大,或饮用高浓度的高锰酸钾水等,均可侵害鸡的咽、嗉囊、胃、肠、肝、肺等导致鸡喘咳出现。在管理方面,鸡的饲养密度过大,通风不良,垫草过厚或潮湿,或更换不及时,不同日龄的鸡混养,甲醛气体中毒等,也是致病因素。

【临床症状】　病鸡呈现伸颈、摇头、咳嗽,有时咳血,气管啰音,发出异呼吸声,流鼻液,有的伴有下痢。剖检还可见上呼吸道出血炎症,消化道出血性炎症,胸肌、腹肌、腿肌出血,肝肿大,心包炎,肾脏肿大充血。

【防治措施】　本病主要采取对症治疗。关键是采用综合性的防治措施。

(1)精心饲养。首先要保证雏鸡质量,应从非疫区引进健康雏鸡;其次,饲料品种齐全,营养标准合理;再次之,棉籽饼去毒后方可使用,在饲料中比例一般为3%~5%。

(2)加强管理。首先,要保证育雏的一定温度、湿度和良好的通风换气;其次,雏鸡开食、饮水后,饲喂次数要固定,不要轻易变动,以免造成人为应激;再次之,要保证鸡群的整齐度和一定的密度。要贯彻全进全出制度,不同品种、不同目的的鸡群要避免混养;最后,还应根据实际制定科学的防疫程序,既做到按时接种,又要做到疫苗接种各环节的正确,避免因防疫不当而继发疫病。

十八、禽霍乱

禽霍乱又称禽巴氏杆菌病或禽出血性败血病,是由多杀性巴氏杆菌引起的一种接触传染性烈性传染病。其特征为传播快,病鸡呈最急性死亡,剖检可见心冠状脂肪出血和肝有针尖大的坏死点。

【流行特点】　各种家禽及野禽均可感染本病,鸡、鸭最易感,鹅的感受性比较低。

本病常呈散发或地方性流行,一年四季均可发生,但以秋冬季节较多见。

本病的主要传染源是病禽和带菌禽,病菌随分泌物和粪便污染环境,被污染的饲料、饮水及工具等是重要的传播媒介,感染的猫、鼠、猪及野鸟等闯入鸡舍,也可造成鸡群发病。其感染途径主要是消化道和呼吸道,也可经损伤的皮肤而感染。

此外,健康鸡的呼吸道内有时也带菌但不发病。在潮湿、拥挤、转群、骤然断水断料或更换饲料、气候剧变、寒冷、闷热、阴雨连绵、通风不良、长途运输、寄生虫感染等应激因素作用下,使鸡的抗病力降低,这时存在于呼吸道内的病原菌则发生内源性感染而造成鸡群发病。

【临床症状】　本病的潜伏期为1~9天,最快的发病后数小时即可死亡。根据病程长短一般可分为最急性型、急性型和慢性型。

(1)最急性型:常见于本病流行初期,多发于体壮高产鸡,几乎看不到明显症状,突然不安,痉挛抽搐,倒地挣扎,双翅扑地,迅速死亡。有的鸡在前一天晚上还表现正常,而在次日早晨却发现已死在舍内,甚至有的鸡在产蛋时猝死。

（2）急性型:急性型病鸡最为多见,是随着疫情的发展而出现的。病鸡精神萎靡,羽毛松乱,两翅下垂,闭目缩颈呈昏睡状。体温升高至 43～44 ℃。口鼻常常流出许多黏性分泌物（见图2-17）,冠、髯呈蓝紫色。呼吸困难,急促张口,常发出"咯咯"声。常发生剧烈腹泻,稀便,呈绿色或灰白色。食欲减退或废绝,饮欲增加。病程 1～3 天,最后发生衰竭、昏迷而死亡。

图 2-17　病鸡口腔中排出
黏液性分泌物

（3）慢性型:多由急性病例转化,一般在流行后期出现。病鸡一侧或两侧肉髯肿大（见图2-18）,关节肿大、化脓,跛行。有些病例出现呼吸道症状,鼻窦肿大,流黏液,喉部蓄积分泌物且有臭味,呼吸困难。病程可延至数周或数月,有的持续腹泻而死亡,有的虽然康复,但生长受阻,甚至长期不能产蛋,成为传播病原的带菌者。

【病理变化】

（1）最急性型:无明显病变,仅见心冠状沟部有针尖大小的出血点,肝脏表面有小点状坏死灶。

（2）急性型:浆膜出血。心冠状沟部密布出血点,似喷洒状（见图2-19）。心包变厚,心包液增加、混浊。肺充血、出血。肝肿大,变脆,呈棕色

图 2-18　病鸡肉髯肿胀

或棕黄色,并有特征性针尖大或粟粒大的灰黄色或白色坏死灶

（见图 2-20）。脾脏一般无明显变化。肌胃和十二指肠黏膜严重出血，整个肠道呈卡他性或出血性肠炎，肠内容物混有血液。

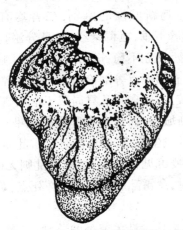

图 2-19　病鸡心冠脂肪密布出血点

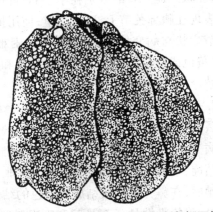

图 2-20　病鸡肝脏布满细小的灰白色坏死灶

（3）慢性型：病鸡消瘦，贫血，表现呼吸道症状时可见鼻腔和鼻窦内有多量黏液。有时可见肺脏有较大的黄白色干酪样坏死灶。有的病例，在关节囊和关节周围有渗出物和干酪样坏死，有的可见鸡冠、肉髯或耳叶水肿,进一步可发生坏死。

【鉴别诊断】

(1)禽霍乱与鸡新城疫的鉴别:二者均有体温高(43~44℃),低头闭目,翅膀下垂,冠髯紫红,口鼻分泌物多、呼吸困难,拉出的稀粪带有血液,站立不稳,运动失调等临床症状。并有全身黏膜出血,心冠脂肪有出血点等剖检病变。但二者的区别在于:鸡新城疫流行范围比较大,而禽霍乱只局限于个别鸡群或小范围地区。鸭一般不感染鸡新城疫,而对禽霍乱则易感染。当在同一地区内鸡和鸭同时大批的发生死亡,则可能是禽霍乱而不会是鸡新城疫。在病症上,鸡新城疫可见神经症状,禽霍乱则无此症状,偶见有关节炎表现。剖检时,禽霍乱肝脏肿大有坏死点,鸡新城疫则无此病变。

(2)禽霍乱与鸡病毒性关节炎的鉴别:二者均有关节肿大、化脓,跛行等临床症状。但二者的区别在于:鸡病毒性关节炎的主要症状和病变均表现在腿部关节上,而且严重,使用抗生素无效。禽霍乱除具有关节症状与病变外,还可发现呼吸困难,流鼻液,肉髯肿大,肝脏有灰黄色或白色坏死灶等特征性症状和病变,一些抗生素对禽霍乱有效。

(3)禽霍乱与鸡传染性鼻炎的鉴别:二者均有精神不振,呼吸困难,鼻流黏液,跛行,下痢,粪绿色等临床症状。并有心冠脂肪有出血点等剖检病变。但二者的区别在于:鸡传染性鼻炎眼结膜发炎并伴有眼睑粘连,一侧或两侧眼眶周围组织肿胀,鼻孔流出的黏液性分泌物干燥后,在鼻孔周围凝结成淡黄色的结痂,禽霍乱则无此症状。剖检时,鸡传染性鼻炎在鼻腔和咽喉黏膜呈炎性充血和水肿,常有大量渗出液,但内脏器官病变不明显,只偶尔发生肺炎和气囊炎,禽霍乱心冠状沟部密布出血点,肝肿大有坏死灶,肌胃和十二指肠黏膜出血,整个肠道呈卡他性或出血性肠炎。另外,禽霍乱死亡率高,而鸡传染性鼻炎死亡率较低。

(4)禽霍乱与鸡伤寒的鉴别:二者均有精神不振,呼吸困难,下痢,粪便呈绿色等临床症状。但二者的区别在于:鸡伤寒可发生于3周龄以上的青年鸡及成年鸡,而本病在16周龄以前很少发生,发病高峰多集中在性成熟期。鸡伤寒病程长(3~30天),腹泻严重,肝脏表面有灰白色坏死点,但数量比较少,肝表面呈古铜色。鸡伤寒还有脾肿大,胆囊肿大并充满绿色油状胆汁等病变,本病则不显著。

(5)禽霍乱与鸡链球菌病的鉴别:二者均有精神不振,嗜睡缩颈,羽毛松乱,冠髯发紫,髯水肿,腹泻,粪绿色,产蛋减少等临床症状。并有肝肿大、暗紫,有坏死点,心冠、心外膜有出血点,心包积液有纤维素等剖检病变。但二者的区别在于:鸡链球菌病的病原为链球菌。病鸡步履蹒跚,头震颤,有的患角膜炎、结膜炎肿胀流泪,有圆圈运动,角弓反张。翅爪麻痹和痉挛。剖检可见肺瘀血、水肿,喉有干酪样粟粒大坏死灶,气管、支气管黏膜充血,表面有分泌物,慢性主要表现纤维素性关节炎、腱鞘炎、输卵管炎、卵黄性腹膜炎,纤维性心包炎、肝周炎。病料涂片、染色,镜检可见革兰氏阳性单个或成对或短链排列球菌。

(6)禽霍乱与鸡绿脓杆菌病的鉴别:二者均有精神不振,拉黄绿色稀粪,呼吸急促,关节炎跛行等临床症状。并有心内、外膜有出血,肝有坏死点,肠黏膜充血、出血等剖检病变。但二者的区别在于:鸡绿脓杆菌病的病原为绿脓杆菌。病鸡腹部膨大,眼周、颈部、腿内侧水肿,肿胀破溃流出液体。颈部、脐部皮下呈黄绿色胶冻样浸润。在一定的培养基上菌落呈蓝绿色,肉汤培养接种于鸡腹腔24小时死亡,病料能分离出绿脓杆菌。

(7)禽霍乱与鸡结核病的鉴别:二者均有精神不振,食欲减退,冠髯苍白,患关节炎,长期拉稀,蛋产量下降等临床症状。但二者的区别在于:鸡结核病的病原为结核分枝杆菌。患鸡病初症状不明显,随后才表现出症状,渐进性消瘦,胸骨突出如刀,翅下垂。剖检可见肝、脾、肠道、气囊、肠系膜等均有结核结节(粟粒大、豆大、鸽蛋大),切开干酪样物,涂片后用姜-尼氏染色法染色,镜检显红色杆菌(其他分枝杆菌呈蓝色)。禽结核杆菌素注于肉髯皮内呈阳性反应。

(8)禽霍乱与鸡衣原体病的鉴别:二者均有精神不振,食欲减退,冠髯苍白,流鼻液,下颌髯水肿,拉稀等临床症状。并有心包、气囊有纤维渗出物,肝棕黄、有出血点、坏死点,鼻腔多量黏液,卵黄破裂等剖检病变。但二者的区别在于:鸡衣原体病的病原为衣原体。病鸡眼半闭,缩颈,头掩翅下,羽毛松乱,喜蹲伏,髯、眼睑、下颌水肿,严重消瘦,胸骨隆起,眶下窦有干酪样物,腹腔有棕红液体。用肝、脾、心包、心肌压片,姬姆萨染色,衣原体呈蓝色。

(9)禽霍乱与鸡球虫病的鉴别:二者均有精神不振,食欲减退,渴欲增加,闭目打盹,腹泻等临床症状。并有肠道充血、出血等剖检病变。但二者的区别在于:鸡球虫病的病原为艾美耳球虫,一般3~4周龄多发,嗉囊积食,稀粪含血或全血。剖检可见小肠发炎、肿胀、覆黏稠液、有小血块,盲肠肿胀、肥厚、呈棕红或暗红色,内容物为血液、凝血块或黄白色干酪样物。肠系膜刮取物或肠内容物镜检可见球虫卵囊和大配子。

(10)禽霍乱与鸡隐孢子虫病的鉴别:二者均有精神不振,缩颈闭目,翅膀下垂,呼吸急迫,食欲减退或废绝等临床症状。但二者的区别在于:鸡隐孢子虫病的病原为隐孢子虫。病鸡咳嗽,打喷嚏,伸颈张口呼吸,剖检可见喉气管水肿、多泡沫状液体,肺腹侧严重充血、表面湿润,常有灰白色硬斑,切面渗出液多。用生前呼吸道分泌物在饱和白糖溶液将卵囊浮集,镜检可见虫卵。

【预防措施】

(1)加强鸡群的饲养管理:减少应激因素的影响,搞好清洁卫生和消毒,提高鸡的抗病能力。

(2)严防引进病鸡和康复后的带菌鸡:引进的新鸡应隔离饲

养,若需合群,需隔离饲养1周,同时服用土霉素3～5天。合群后,全群鸡再服用土霉素2～3天。

(3)疫苗接种:在疫区可定期预防注射禽霍乱菌苗。常用的禽霍乱菌苗有弱毒活菌苗和灭活菌苗,如731禽霍乱弱毒菌苗、833禽霍乱弱毒菌苗、$G_{190}E_{40}$禽霍乱弱毒菌苗、禽霍乱乳剂灭活菌苗等。

(4)药物预防:若邻近发生禽霍乱,本鸡群受到威胁,可使用灭霍灵(每千克饲料加3～4克)或喹乙醇(每千克饲料加0.3克)等,每隔1周用药1～2天,直至疫情平息为止。

当鸡群正处于开产前后或产蛋高峰期,对禽霍乱易感性高,而且时值秋末冬初,天气多变或连阴,发病可能性大,可用土霉素2～3天(每千克饲料加1.5～2克),必要时间隔10～15天再用一次,对其他细菌性疾病也兼有预防作用。

在长途运输、鸡群搬迁、重新组群时,可服用土霉素2～3天,以减缓鸡群的应激反应。

【治疗方法】

(1)在饲料中加入0.5%～1%的磺胺二甲基嘧啶粉剂,连用3～4天,停药2天,再服用3～4天;也可以在每1 000毫升饮水中,加1克药,溶解后连续饮用3～4天。

(2)在饲料中加入0.1%的土霉素,连用7天。

(3)在饲料中加入0.1%的氯霉素,连用5天,接着改用喹乙醇,按0.04%浓度拌料,连用3天。使用喹乙醇时,要严格控制药量和疗程,拌料要均匀。

(4)对病情严重的鸡可肌内注射青霉素或氯霉素。青霉素,每千克体重4～8万单位,早晚各一次;氯霉素,每千克体重20毫克。

(5)环丙沙星、氧氟沙星或沙拉沙星:肌内注射按5～10毫克/千克体重,每天2次;饮水按50～100毫克/千克体重,连用3～

4 天。

（6）服用禽康灵（巴豆霜、乌蛇、明雄按 4：2：1 比例，研末混匀）。3 月龄鸡每 20～50 只用药 1 克，成鸡每 5～10 只用 1 克，均为每天 1 次服，重症者首次可加倍剂量。

十九、鸡白痢

鸡白痢是由鸡白痢沙门氏菌引起的一种常见传染病，其主要特征为患病雏鸡排白色糊状稀便。

【流行特点】　本病主要发生于鸡，其次是火鸡，其他禽类仅偶有发生。据报道，在哺乳动物中，乳兔具有高度的易感性。不同品种鸡的易感性稍有差异，轻型鸡（如来航鸡）的易感性较重型鸡要低一些，这可能与遗传因素有关。母鸡较公鸡易感，其原因可能与其卵泡易于发生局部感染有关。雏鸡的易感性明显高于成年鸡，急性白痢主要发生于雏鸡 3 周龄以前，可造成大批死亡，病程有时可延续到 3 周龄以后。当饲养管理条件差，雏鸡拥挤，环境卫生不好，温度过低，通风不良，饲料品质差，以及有其他疫病感染时，都可成为诱发本病或增加死亡率的因素。

本病的主要传染源是病鸡和带菌鸡，感染途径主要是消化道，既可水平感染，又可垂直感染。病鸡排出的粪便中含有大量的病菌，污染了饲料、垫料和饮水及用具之后，雏鸡接触到这些污染物之后即被感染。通过交配、断喙和性别鉴定等方面也能传播本病。雏鸡感染恢复之后，体内可长期带菌。带菌鸡产出的受精卵有 1/3 左右被病菌污染，从而在本病的传播中起重要作用。卵黄中含有大量的病菌，不但可以传给后代的雏鸡，使之发病而成为同群的传染源，传给同群的健康鸡；也可以污染孵化器，通过蛋壳、羽毛等而传给同批或下批的雏鸡，从而将本病传向四面八方，绵延不断（见图 2-21）。

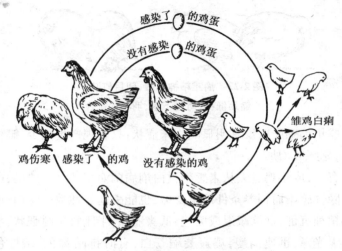

图 2-21　鸡白痢的循环传播

【临床症状】　本病的潜伏期为 4～5 天。带菌种蛋孵出的雏鸡出壳后不久就可见虚弱昏睡,进而陆续死亡,一般在 3～7 日龄发病量逐渐增加,10 日龄左右达死亡高峰,出壳后感染的雏鸡多在几天后出现症状,2～3 周龄病雏和死雏达到高峰。病雏精神萎靡,离群呆立,闭目打盹,缩颈低头,两翅下垂,身躯变短,后躯下坠,怕冷,靠近热源或挤堆,时而尖叫(见图 2-22);多数病雏呼吸困难而急促,其后腹部快速地收-缩,即呼吸困难的表现。一部分病雏腹泻,排出白色浆糊状粪便,肛门周围的绒毛常被粪便污染并和粪便黏在一起,干结后封住肛门,病雏由于排粪困难和肛门周围炎症引起疼痛,所以排粪时常发出"叽叽"的痛苦尖叫声。3 周龄以后发病的一般很少死亡。但近年来青年鸡成批发病、死亡亦不少见,耐过鸡生长发育不良并长期带菌,成年后产的蛋也带菌,若留作种蛋可造成垂直传染。

**图 2-22　病雏精神萎靡,闭目打盹,
缩颈低头,两翅下垂,羽毛松乱**

成年鸡感染后没有明显的临床症状,只表现产蛋减少,孵化率降低,死胚数增加。

有时,成年鸡过去从未感染过白痢病菌而骤然严重感染,或者本来隐性感染而饲养条件严重变劣,也能引起急性败血性白痢病。病鸡精神沉郁,食欲减退或废绝,低头缩颈,半闭目呈睡眠状,羽毛松乱无光泽,迅速消瘦,鸡冠萎缩苍白,有时排暗青色、暗棕色稀便,产蛋明显减少或停止,少数病鸡死亡。

【病理变化】　早期死亡的幼雏,病变不明显,肝肿大充血,时有条纹状出血,胆囊扩张,充满多量胆汁,如为败血症死亡时,则其内脏器官有充血。数日龄幼雏可能有出血性肺炎变化。病程稍长的,可见病雏消瘦,嗉囊空虚,肝肿大脆弱,呈土黄色,布有砖红色条纹状出血线,肺和心肌表面有灰白色粟粒至黄豆大稍隆起的坏死结节,这种坏死结节有时也见于肝、脾、肌胃、小肠及盲肠的表面。胆囊扩张,充满胆汁,有时胆汁外渗,染绿周围肝脏。脾肿大充血。肾充血发紫或贫血变淡,肾小管因充满尿酸盐而扩张,使肾脏呈花斑状。盲肠内有白色干酪样物,直肠末端有白色尿酸盐。有些病雏常出现腹膜炎变化,卵黄吸收不良,卵黄囊皱缩,内容物呈淡黄色、油脂状或干酪样。

成年鸡的主要病变在生殖器官。母鸡卵巢中一部分正在发育的卵泡变形、变色、变质,有的皱缩松软成囊状,内容物呈油脂或豆渣样,有的变成紫黑色葡萄干样,常有个别卵泡破裂或脱落。公鸡一侧或两侧睾丸萎缩,显著变小,输精管涨粗,其内腔充满黏稠渗出物乃至闭塞。其他较常见的病变有：心包膜增厚，心包腔积液，肝肿大质脆，偶尔破裂，出现卵黄腹膜炎等。

【鉴别诊断】

（1）鸡白痢与鸡伤寒的鉴别：二者病原均为沙门氏菌，均有冠髯苍白，羽毛逢乱，病雏排白色稀便，肛门周围被粪便污染，发育不良，气喘，呼吸困难等临床症状。并均有病雏心肌、肺、肌胃有坏死灶等剖检病变。但二者的区别在于：鸡伤寒的病原为伤寒沙门氏菌（比白痢沙门氏菌短粗，长 1.0 ~ 2.0 微米，宽 1.5 微米，两端染色略深），大鸡和成鸡较多发，体温 43 ~ 44 ℃，腹膜炎时如企鹅站立，感染 4 天内可发生死亡。1 ~ 6 月龄损失严重。剖检可见肝肿大，呈棕绿色或古铜色，有奶油外观。在鸟氨酸培养基上不脱羧。用病料分离培养鉴定鸡伤寒沙门菌。

（2）鸡白痢与鸡副伤寒的鉴别：二者病原均为沙门氏菌，均有冠髯苍白，羽毛逢乱，病雏排白色稀便，肛门周围被粪便污染，发育不良，气喘，呼吸困难，病雏偎近热源，成鸡食欲不振，饮水增加，拉稀粪等临床症状。并均有肺充血、有血性条纹，肝、脾、肾肿大等剖检病变。但二者的区别在于：鸡副伤寒的病原为副伤寒沙门氏菌（菌体 0.4 ~ 0.6 微米 × 1 ~ 3 微米，有周鞭毛）。鸡副伤寒不仅鸡易感，也可感染其他禽类、家畜和人。病鸡排水样粪，盲目和结膜炎，6 ~ 10 日龄死亡最多，1 月龄以上死亡少见。成年鸡多迅速恢复，死亡率不超过 10%。剖检可见卵黄凝固，心包有粘连。火鸡常见十二指肠出血性炎症。成年母鸡以输卵管坏死性增生病变、卵巢化脓性坏死性病变为特征。

（3）鸡白痢与鸡曲霉菌病的鉴别：二者均在 4 ~ 6 日龄多发，第 2 ~ 3 周龄死亡率最高。均有精神不振，闭目缩颈，翅膀下垂，腹泻，气喘，呼吸困难等临床症状。但二者的区别在于：鸡曲霉菌病的病原为曲霉菌。病鸡对外界反应淡漠，头颈伸直，张口呼吸，耳听有沙沙声，结膜炎。剖检可见肺有霉菌结节，周围红色浸润，切开干酪样物有层状结构,气囊混浊也有霉菌结节。肺霉菌结节玻璃压片可见曲霉菌的菌丝。

(4)鸡白痢与鸡弯曲杆菌性肝炎的鉴别:二者均为雏鸡多发,均有精神萎靡,闭目缩颈,羽毛松乱,腹泻,肛门粪污;成年鸡贫血,产蛋量下降等临床症状。但二者的区别在于:鸡弯曲杆菌性肝炎的病原为弯曲杆菌。患鸡的粪便病初为黄褐色,后为糊状,重时水样。急性,肝瘀血,呈淡红褐色,有出血点和少量坏死灶;亚急性,肝肿大1~2倍,红黄色或黄褐色,有粟粒至黄豆大的灰黄色或灰白色坏死灶;慢性,肝稍肿,质脆或硬化,布满坏死灶,取培养的菌落染色镜检,可见弯曲杆菌。

(5)鸡白痢与鸡传染性法氏囊病的鉴别:二者均有食欲减退,精神不振,闭目缩颈,翅膀下垂,排白色稀粪等临床症状。但二者的区别在于:鸡传染性法氏囊病的病原为鸡传染性法氏囊病病毒。病鸡体温初高后降,中期又高,濒死前体温35 ℃左右。闭目昏睡,后期冷感,趾爪干燥,眼窝凹陷。鸡场初病时症状典型,一旦暴发则呈亚临床型,症状不明显。剖检可见法氏囊肿大2~3倍,质硬,黏膜皱褶有出血,水肿液粉红色,严重时紫黑色,浆膜下水肿胶冻样。肾肿大、有坏死灶。脾明显肿大,胸肌色暗,大腿侧肌肉有条纹和斑状紫红色出血。翅膀下、心肌、肠黏膜、腺胃乳头周围、肌胃浆膜有暗红色或淡红色出血。琼脂扩散呈阳性反应。

【预防措施】

(1)种鸡群要定期进行白痢检疫,发现病鸡及时淘汰。

(2)种蛋、雏鸡要选自无白痢鸡群,种蛋孵化前要经消毒处理,孵化器也要经常进行消毒。

(3)育雏室经常要保持干燥洁净、密度适宜,避免室温过低,并力求保持稳定。

(4)药物预防

①在雏鸡饲料或饮水中加入0.02%痢特灵,连续喂饮7天,

停药 2 天,再服药 5～7 天。

②在雏鸡饲料中加入 0.02％的土霉素粉,连喂 7 天,以后改用其他药物。

③在雏鸡饲料中加入 0.02％的氯霉素粉,连喂 5 天,停药 2～3 天,再用药 3～5 天。

④在雏鸡 1～5 日龄,每千克饮水中加庆大霉素 8 万单位,以后改用痢特灵等药物。

⑤用苍术 100 克,川椒(花椒也可以)50 克。先将苍术用食醋 50 毫升浸泡 30 分钟,然后加入川椒,加水 2 000 毫升,煮沸后文火煎 15 分钟取出药液,再加水 1 000 毫升左右,每次 500 毫升,再加适量的水供 200 只雏鸡饮用,每日早晚各 1 次,连用 7 天。

治疗时,药量可加倍。

【治疗方法】

(1)用 0.04％痢特灵拌料或混水,连用 7 天,停药 2～3 天后,再用药 5～7 天。

(2)用磺胺甲基嘧啶或磺胺二甲基嘧啶拌料,用量为 0.2％～0.4％,连用 3 天,再减半量用 1 周。

(3)用 0.05％氯霉素粉拌料,连喂 5 天,停药 2～3 天后,再用药 3～5 天。

(4)用庆大霉素混水,每千克饮水中加庆大霉素 10 万单位,连用 3～5 天。

(5)用卡那霉素混水,每千克饮水中加卡那霉素 150～200 毫克,连用 3～5 天。

(6)用强力霉素混料,每千克饲料中加强力霉素 100～200 毫克,连用 3～5 天。

(7)用新霉素混料,每千克饲料中加新霉素 260～350 毫克,连用 3～5 天。

(8)用氟哌酸拌料,每千克饲料中加氟哌酸 100～200 毫克,连用 3 ~ 5 天。

（9）对重症鸡肌内注射先锋霉素,每千克体重 20 毫克,每天 1 次。

（10）口服活菌制剂——"促菌生"。预防量为每只每天服 65 毫克,连服 5 天,治疗量为每只每天服 125 毫克,连用 3 天。

（11）把大蒜头充分捣碎,用凉开水配成 20% 的大蒜汁,每只雏鸡滴服 0.5 ~ 1 毫升,或用该剂量加入饲料内喂给。

（12）用黄连 30 克,砂仁 20 克,醋炒玄胡索 10 克,加水 5 千克煎服自饮(为 100 只用量)。

二十、鸡伤寒

鸡伤寒是由沙门菌引起的一种急性或慢性传染病,其特征为传播快,病鸡下痢,肝、脾等实质器官有明显病变。

【流行特点】　本病主要发生于鸡和火鸡,但其他禽类如鸭、鹅、鸽、鹌鹑等也可自然感染。

各日龄的鸡都能感染发病,但主要发生于成年鸡和 3 周龄以上的青年鸡。在 3 周龄以内的雏鸡中也时有发生,但常被当作白痢。

本病的传染源主要是病鸡和带菌鸡,其粪便中含有大量病菌,污染土壤、饲料、饮水、用具、饲料袋、车辆及人员衣物等,不仅使同群鸡感染,而且还会传至邻舍或邻场。此外,野鸟、野生动物及苍蝇等也可机械性带菌,造成传播。病菌主要经消化道感染,也可经眼结膜等途径侵入鸡体。

本病既可水平传播也能垂直传播。病鸡和带菌鸡产的蛋内含有病菌,可通过孵化传染给雏鸡。

本病通常不广泛流行,多呈散发性。在一个鸡群中发生时,由于病菌的毒力和鸡体抵抗力不同,有时是少数或小部分鸡发病,较少情况下也能全群发病。

【临床症状】 本病潜伏期为4~5天,病程为3~10天,多数为5天左右,随着病菌毒力强弱和机体抵抗力不同而有差异。病鸡初期精神不振,不爱活动。随着病情发展,精神萎靡,头、翅下垂,冠髯苍白萎缩,羽毛松乱,食欲废绝,渴欲强烈,频频饮水,体温升高至43~44℃。腹泻,排出淡黄至绿色稀便,污染肛门周围的羽毛。若发生腹膜炎,则后腹部胀大下垂,病鸡呈直立姿势(见图2-23)。急性病例的病程较短,一般为5天左右,有些鸡在发病后2天内死亡,发病鸡死亡率比较高。在急性发病之后,出现一慢性病鸡,表现不同程度的下痢,消瘦,产蛋减少或停止,病程可延续数周,少数死亡,多数可以康复,成为带菌鸡,带菌器官主要是母鸡的卵巢。在饲养条件恶劣时,康复鸡可能再次发病。

3周龄以内的雏鸡发病时,表现精神萎靡,身体衰弱。食欲减退或废绝,排白色稀便,有的呼吸困难,与白痢病很相似,死亡率10%~50%或更高些。出壳后不久发病的,死亡率达90%。

图2-23 病鸡由于腹膜炎
而呈直立姿势

【病理变化】 急性病例,通常无明显病变。病程较长的病例,可见全身可视黏膜及冠髯苍白。肝、脾肿大,充血,棕黄色稍带绿色,在亚急性和慢性阶段,肿大的肝脏呈古铜色。肝与心肌表面散布有灰色小坏死点。胆囊扩张,充满绿色油状胆汁。心包发炎,心包膜增厚与心脏粘连。卵泡出血、变形、变色,母鸡常因卵泡破裂而引起腹膜炎。肠道可见卡他性炎症。肾脏肿大充血,有时见有黄色斑点。心包积水,为浆液性纤维素性渗出物。

3周龄以下雏鸡发病时,可见心、肺表面有灰白色坏死点或结节,与白痢病相似。

【鉴别诊断】

(1)鸡伤寒与鸡白痢的鉴别:二者病原均为沙门氏菌,均有冠髯苍白,羽毛蓬乱,病雏排白色稀便,肛门周围被粪便污染,发育不良,气喘,呼吸困难等临床症状。并均有病雏心肌、肺、肌胃有坏死灶等剖检病变。但二者的区别在于:鸡白痢的病原为鸡白痢沙门氏菌,雏鸡多发,以蛋传播为主,有的未出壳或刚出壳即死亡。3周龄达死亡高峰,成年鸡死亡少。剖检可见肝肿大充血呈黄绿色,粗糙质脆,有灰白色坏死灶,并有出血条纹。变质卵子排于腹腔或阻塞于输卵管。心包液多而混浊甚至有粘连,鸟氨酸培养基上能迅速脱羧。用普通肉汤琼脂平板直接分离,根据菌落形态即可确定。

(2)鸡伤寒与鸡副伤寒的鉴别:二者病原均为沙门氏菌,均有病雏减食,困倦、拉稀;成年鸡厌食,饮水多,下痢,肛门周围粪污,精神萎顿,翅膀下垂等临床症状。并均有心包炎症,肝肿大等剖检病变。但二者的区别在于:鸡副伤寒的病原为副伤寒沙门氏菌(菌体(0.4~0.6)微米×(1~2.3)微米,有周鞭毛)。鸡副伤寒不仅鸡易感,也可感染其他禽类、家畜和人。病鸡排水样粪,盲目和结膜炎,6~10日龄死亡最多,1月龄以上死亡少见。成年鸡多迅速恢复,死亡率不超过10%。剖检可见卵黄凝固,心包有粘连。火鸡常见十二指肠出血性炎症。成年母鸡以输卵管坏死性增生病变、卵巢化脓性坏死性病变为特征。

(3)鸡伤寒与鸡结核病的鉴别:二者均有精神委顿,羽毛松乱,冠髯苍白皱缩,贫血,腹泻等临床症状。并均有肝、肺有坏死灶等剖检病变。但二者的区别在于:鸡结核病的病原为结核分枝杆菌。病鸡渐进性消瘦,胸骨突出如刀,翅下垂。剖检可见肝、脾、肠道、气囊、肠系膜等均有结核结节(粟粒大、豆大、鸽蛋大),切开干酪样物,涂片后用姜-尼氏染色法染色,镜检显红色杆菌(其他分枝杆菌呈蓝色)。禽结核杆菌素注于肉髯皮内呈阳性反应。

(4)鸡伤寒与鸡住白细胞虫病的鉴别:二者均有雏鸡精神委靡,下痢,发育受阻;中鸡、成鸡冠苍白、贫血、腹泻等临床症状。但二者的区别在于:鸡住白细胞虫病的病原为住白细胞虫。病鸡口中流涎,粪呈绿色,呼吸困难,可因突发咯血而死。中鸡和成鸡排水样白色或绿色稀粪。剖检可见全身皮下出血,肌肉(胸肌、腿肌、心肌)有大小不等出血点,各内脏器官有灰白色或淡黄色粟粒大小结节,挑出结节内容压片,可见裂殖子散出,采翅血管或鸡冠血涂片瑞氏或姬氏染色可见虫体。

(5)鸡伤寒与鸡绦虫病的鉴别:二者均有雏鸡精神萎靡,腹泻,毛有粪污,呼吸困难等临床症状。但二者的区别在于:鸡绦虫病的病原为绦虫。剖检可见小肠有炎症,并可见虫体。

(6)鸡伤寒与肉鸡腹水症的鉴别:二者均有羽毛松乱,翅膀下垂,腹部彭大,如企鹅站立和走动等临床症状。但二者的区别在于:鸡腹水症的病因是缺氧、饲喂高能饲料或缺某种元素所致。病鸡腹部皮肤膨大、变薄、发亮,体温正常,鸡冠紫红,皮肤发绀,穿刺可抽出大量腹水。剖检可见腹水淡红或稻草色,含有纤维素。肝紫色,表面附着淡黄胶冻样物。

【防治措施】　本病的预防措施与鸡白痢相同,用于防治鸡白痢的药物均可用于鸡伤寒,其用药方法基本相同,氯霉素、氟哌酸、痢特灵可列为首选药物。

二十一、鸡副伤寒

鸡副伤寒是由沙门杆菌属中的一种能运动的杆菌引起的一种急性或慢性传染病。由于各种家禽都能感染发病,故广义上称为禽副伤寒。在沙门杆菌属中,除鸡白痢和鸡伤寒沙门菌外,其他沙门菌引起禽病都称为禽副伤寒。

鸡副伤寒主要侵害幼鸡,常造成大批死亡。成年鸡多为隐性或慢性感染,但产蛋率、受精率、孵化率明显降低。本病的特征为病雏下痢、消瘦和患结膜炎。此外,本病是一种人、畜、禽共患病,对人主要引起食物中毒。

【流行特点】　各种家禽及野禽对本病均可感染,并能相互传染。雏鸡、雏鸭、雏鹅均十分易感,常出现暴发性流行。鼠类和苍蝇等是副伤寒菌的主要带菌者,是传播本病的重要媒介。家畜感染后可引起肠炎、败血症,是一种细菌性食物中毒。本病的主要传染源是病禽、带菌禽及其他带菌动物,主要通过消化道感染。病禽的粪便中排出病原菌污染周围环境,从而传播疾病。本病也可通过种蛋传染,沾染于蛋壳表面的病菌能钻入蛋内,侵入蛋黄部分。在孵化时也能污染孵化器和育雏器,在雏群中传播疾病。带有病菌的飞沫,可由呼吸道感染而发病。

雏鸡在胚胎期和出雏器内感染本病的,常于 4～5 日龄发病,这些病雏的排泄物使同居的其他雏鸡感染,多于 10～21 日龄发病,死亡高峰在 10～21 日龄。以后随着日龄增大,逐渐有抵抗力,青年鸡和成年鸡很少发生急性副伤寒,一般为慢性或隐性感染。

【临床症状】　本病的潜伏期为 12～18 小时,有时稍长些,其急性病例(败血症)主要见于幼雏,慢性者多发于青年鸡和成年鸡。在孵化器内感染的急性病例常在孵化后数天内发病,一般见不到明显症状而死亡。10 日龄以上的雏鸡发病后,身体虚弱,羽毛松乱,精神萎靡,头、翅下垂,缩颈闭目,似昏睡状。食欲减退或废绝,饮水增加。怕冷,偎近热源或挤堆。下痢,排水样稀便,肛门周围有粪便污染。有的发生眼炎失明,有的表现呼吸困难。病程 1～2 天,按全群计算,死亡率 10%～20%,严重时可达 80%。

成年鸡一般不出现急性病例,常为慢性带菌者,病菌主要存在其肠道,较少存在于卵巢。有时可见成年鸡食欲减退,消瘦,轻度腹泻,产蛋量减少,孵化率降低。

【病理变化】　急性病例中往往无明显病变,病程较长的可见肠黏膜充血、卡他性及出血性肠炎,尤以十二指肠段较为严重,肠壁增厚,盲肠内常有淡黄白色豆渣样物堵塞。肝脏肿大,充血,可见有针尖大到粟粒大黄白色坏死灶。脾脏大,胆囊肿胀并充满胆汁。常有心包炎,心内膜积有浆液性纤维素性炎症。

成年鸡慢性副伤寒的主要病变为肠黏膜有溃疡或坏死灶,肝、脾、肾不同程度地肿大,母鸡卵巢有类似慢性白痢的病变。

【鉴别诊断】

(1)鸡副伤寒与鸡白痢的鉴别:二者病原均为沙门氏菌,均有拉稀,肛周粪污,厌食,羽毛蓬乱,偎近热源,缩颈闭目,呼吸困难,关节炎,失明;成年鸡食欲不振,头颈蜷缩,下痢等临床症状。并均有肝肿大充血、有条纹状出血等剖检病变。但二者的区别在于:鸡白痢的病原为鸡白痢沙门菌,雏鸡多发,以蛋传播为主,有的未出壳或刚出壳即死亡。3周龄达死亡高峰,成年鸡死亡少。剖检可见肝肿大充血呈黄绿色,粗糙质脆,有灰白色坏死灶,并有出血条纹。变质卵子排于腹腔或阻塞于输卵管。心包液多而混浊甚至有粘连,鸟氨酸培养基上能迅速脱羧。用普通肉汤琼脂平板直接分离,根据菌落形态即可确定。

(2)鸡副伤寒与鸡伤寒的鉴别:二者病原均为沙门菌,均有病雏减食,困倦,拉稀;成年鸡厌食,饮水多,下痢,肛门周围粪污,精神萎顿,翅膀下垂等临床症状。并均有心包炎症,肝肿大等剖检病变。但二者的区别在于:鸡伤寒的病原为伤寒沙门菌(菌体短粗,长1.0~2.0微米,宽1.5微米,两端染色略深),大鸡和成鸡较多发,体温43~44℃,腹膜炎时如企鹅站立,感染4天内可发生死亡。1~6月龄损失严重。剖检可见肝肿大,呈棕绿色或古铜色,有奶油外观。在鸟氨酸培养基上不脱羧。用病料分离培养鉴定鸡伤寒沙门菌。

(3)鸡副伤寒与鸡大肠杆菌病(急性败血症)的鉴别:二者均

有体温高(42.5～43 ℃)羽毛松乱,呆立或挤堆,厌食,饮水增加,下痢,肛周粪污等临床症状。但二者的区别在于:鸡大肠杆菌病的病原为大肠杆菌。病鸡腹泻剧烈,粪黄白、混有黏液或血液。剖检可见心包炎、腹膜炎及肝肿大,均有大量纤维素性渗出物充满和包围,通过病原分离和纯培养、染色镜检、生化试验确定大肠杆菌。用其肉汤培养物注于雏鸡、小鼠,即可测定致病性菌株。

(4)鸡副伤寒与鸡曲霉菌病的鉴别:二者均有精神不振,羽毛松乱,厌食,嗜睡呆立,翅膀下垂,下痢,结膜炎等临床症状。但二者的区别在于:鸡曲霉菌病的病原为曲霉菌。病鸡对外界反应淡漠,头颈伸直,张口呼吸,耳听有沙沙声,打喷嚏。剖检可见肺有霉菌结节,周围红色浸润,切开干酪样物有层状结构,气囊也有霉菌结节,有时形成霉斑。镜检肺部结节玻璃压片可见曲霉菌的菌丝,气囊结节可见分生孢子柄和孢子。

(5)鸡副伤寒与鸡弯曲菌性肝炎的鉴别:二者均有雏鸡羽毛松乱,倦怠,呆立缩颈,腹泻,排水样便,肛周粪污;成年鸡脱水消瘦等临床症状。并均有肝有坏死点等剖检病变。但二者的区别在于:鸡弯曲菌性肝炎的病原为弯曲杆菌。雏鸡多为急性,病初稀粪为黄褐色糊状,后转为水样。慢性病例冠髯苍白、干燥、皱缩。青年鸡病初产蛋多为砂壳蛋、软壳蛋,产蛋鸡产蛋减少 25%～35%。剖检主要病变在肝脏,肝急性肿大瘀血,淡红褐色;慢性病例稍小,质脆或硬化,坏死灶联成网络状。挑取培养的菌落或肝隙状窦的菌落,用免疫过氧化物酶染色,可见到棕褐色的菌体。

(6)鸡副伤寒与鸡绿脓杆菌病的鉴别:二者均多发于幼雏,均有精神不振,排水样粪,眼睑水肿,呼吸困难等临床症状。并均有内脏充血、出血等剖检病变。但二者的区别在于:鸡绿脓杆菌病的病原为鸡绿脓杆菌。病鸡粪便黄绿色水样,重时带血,眼周、颈部、腿内侧皮下水肿,水肿破裂流液体。跗跖关节肿胀发红,以跗关节着地。用肉汤培养液腹腔接种雏鸡,2～4 小时死亡,从心、肝、脾可重新分离到绿脓杆菌。

(7)鸡副伤寒与鸡结核病的鉴别:二者均有精神萎顿,食欲不振,下痢,消瘦,关节炎,产蛋下降等临床症状。并均有肝、脾肿大等剖检病变。但二者的区别在于:鸡结核病的病原为结核分枝杆菌。病鸡渐进性消瘦,胸骨突出如刀,翅下垂。剖检可见肝、脾、肠道、气囊、肠系膜等均有结核结节(粟粒大、豆大、鸽蛋大),切开干酪样,涂片后用萋-尼氏染色法染色,镜检显红色杆菌(其他分枝杆菌呈蓝色)。禽结核杆菌素注于肉髯皮内呈阳性反应。

(8)鸡副伤寒与鸡住白细胞虫病的鉴别:二者均有雏鸡精神萎靡,嗜睡呆立,闭眼厌食,下痢水样,消瘦等临床症状。并均有肝、脾有坏死灶等剖检病变。但二者的区别在于:鸡住白细胞虫病的病原为住白细胞虫。病鸡口中流涎,粪呈绿色,呼吸困难,可因突发咯血而死。中鸡和成鸡排水样白色或绿色稀粪。剖检可见全身皮下出血,肌肉(胸肌、腿肌、心肌)有大小不等出血点,各内脏器官有灰白色或淡黄色粟粒大小结节,挑出结节内容压片,可见裂殖子散出,采翅血管或鸡冠血涂片,瑞氏或姬氏染色可见虫体。

【防治措施】　预防本病的两项重要措施:一是严防各种动物进入鸡舍,并防止其粪便污染饲料、饮水及养鸡环境;二是种蛋及孵化器要认真消毒,出雏时不要让雏鸡在出雏器内停留过久,其他预防措施与鸡白痢相同。

氯霉素、庆大霉素、卡那霉素、氟哌酸、痢特灵等药物对本病均有效。育雏时,用药防治雏鸡白痢,也就同时防治了雏鸡副伤寒。

二十二、鸡慢性呼吸道病(败血霉形体病)

鸡慢性呼吸道病(CRD)又称鸡呼吸道支原体病或鸡败血霉形体病,是由鸡败血支原体(霉形体)引起一种慢性呼吸道传染病。其特征为病鸡咳嗽,鼻窦肿胀,流鼻液,气喘并有呼吸啰音,幼鸡生长发育不良,母鸡产蛋减少,疾病发展缓慢,病程较长,可在鸡群中长期蔓延,常并发其他细菌性或病毒性传染病而致使病情加剧,死亡率增高。此外,虽然有多种高效药物对本病有较好的疗效,但很难根治,容易复发,往往整个饲养期病情都处于时隐时现、时轻时重的状态,给养鸡生产造成重大损失。

【流行特点】　本病主要发生于鸡和火鸡,其他禽类很少感染。各种年龄的鸡均有易感性,但以 1～2 月龄的幼鸡易感性最高,发病时表现典型症状,以后随着日龄增长,易感性有所降低。成年鸡发病时症状较轻,很少直接引起死亡。

本病的主要传染源是病鸡和带菌鸡。这些鸡呼吸道内存在大量病原体(霉形体),可通过咳出的飞沫经呼吸道感染健康鸡,也可污染饲料、饮水,经消化道感染。

本病既可水平传染,又可垂直传染。病鸡和带菌鸡的输卵管和输精管中存在病原体,因而可通过种鸡孵化传染给雏鸡。

侵入机体的病原体,可长期存在于上呼吸道而不引起发病,当某种诱因使鸡的体质变弱时,即大量繁殖引起发病。其诱发因素主要有病毒和细菌感染、寄生虫病、长途运输、鸡群拥挤、卫生与通风不良、维生素缺乏、突然变换饲料及接种疫苗等。

本病一年四季都有发生,但以寒冷季节较为严重。在大群饲养中容易流行,而成年鸡多为散发。一般情况下,本病传播较慢,但在新发病的鸡群中传播较快。

【临床症状】　本病的潜伏期为 10～21 天,发病时主要呈慢性经过,其病程常在 1 个月以上,甚至达 3～4 个月,鸡群往往整个饲养期都不能完全消除。病情表现为"三轻三重",即用药治疗时轻些(症状可消失),停药较久时重些(症状又较明显);天气好时轻些,天气突变或连阴时重些;饲料管理良好时轻些,反之重些。

幼龄病鸡表现食欲减退,精神不振,羽毛松乱,体重减轻,鼻孔流出浆液性、黏液性直至脓性鼻液。排出鼻液时常表现摇头、打喷嚏等。炎症波及周围组织时,常伴发窦炎、结膜炎及气囊炎。炎症波及下呼吸道时,则表现咳嗽和气喘,呼吸时气管有啰音,有的病例口腔黏膜及舌背有白喉样伪膜,喉部积有渗出的纤维素,因此病鸡常张口伸颈吸气,呼吸时则低头,缩颈。后期渗出物蓄积在鼻腔和眶下窦,引起眼睑、眶下窦肿胀(见图2-24)。病程较长的鸡,常因结膜炎导致浆液性直至脓性渗出,将眼睑粘住,最后变为干酪样物质,压迫眼球并使之失明。产蛋鸡感染时一般呼吸症状不明显,但产蛋量和孵化率下降。

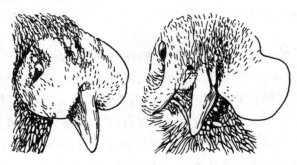

图 2-24　两个眶下窦中蓄积大量渗出物(左)
右眼眶下窦中的渗出物被清除之后(右)

2月龄以内的幼鸡感染发病时,其直接死亡率与治疗、护理有很大关系,一般在5%~30%,成年鸡感染时很少出现死亡。

【病理变化】　病变主要在呼吸器官。鼻腔中有多量淡黄色混浊、黏稠的恶臭味渗出物。喉头黏膜轻度水肿、充血和出血,并覆盖有多量灰白色黏液性或脓性渗出物。气管内有多量灰白色或红褐色黏液。病程稍长的病例气囊混浊、肥厚,表面呈念珠状,内部有黄白色干酪样物质。有的病例可见一定程度的肺炎病变。严重病例在心包膜、输卵管及肝脏出现炎症。

【鉴别诊断】

(1)鸡慢性呼吸道病与鸡传染性鼻炎的鉴别:二者均有精神

萎靡,流鼻液,打喷嚏,甩头,结膜炎,产蛋率下降等临床症状。并均有鼻腔、眶下窦有分泌物等剖检病变。但二者的区别在于:鸡传染性鼻炎的病原为副鸡嗜血杆菌。病鸡一侧或两侧颜面肿胀,仅鼻腔、眶下窦充血、出血和有分泌物,肺及气囊无变化,通常无明显的气囊病变及呼吸啰音。在血液琼脂平板上与金黄色葡萄球菌交叉接种,菌落周围有卫星现象。

在临床上,鸡慢性呼吸道病与鸡传染性鼻炎不仅症状相似,容易误诊,而且常混合感染。不过,链霉素、北里霉素、禽喘灵等药物对这两种病均有良好疗效,不能作出可靠的诊断时宜选用这些药物。

(2)鸡慢性呼吸道病与鸡传染性支气管炎的鉴别:二者均有流鼻液,咳嗽,打喷嚏,呼吸有啰音,流泪,产蛋率下降等临床症状。但二者的区别在于:鸡传染性支气管炎的病原为鸡传染性支气管炎病毒。临床上表现全群鸡急性发病,雏鸡输卵管有特征性病变,成年鸡产蛋量大幅度下降并出现严重畸形蛋,但鸡传染性支气管炎和慢性呼吸道病相互诱发,易造成混合感染。因此,对鸡传染性支气管炎选用药物控制继发感染时,不宜使用磺胺类药物。因为这类药物不仅会进一步影响产蛋率,而且对慢性呼吸道病无效。

(3)鸡慢性呼吸道病与传染性喉气管炎的鉴别:二者均有咳嗽,打喷嚏,产蛋率下降等临床症状。但二者的区别在于:鸡传染性喉气管炎表现全群鸡急性发病,严重呼吸困难,咳出带血的黏液,很快出现死亡,各种抗菌药物均无直接疗效,这些可与慢性呼吸道病区别。

(4)鸡慢性呼吸道病与鸡新城疫的鉴别:二者均有呼吸困难,呼吸有啰音,咳嗽,产蛋率下降等临床症状。但二者的区别在于:鸡新城疫表现全群鸡急性发病,症状明显,虽然呼吸道症状与慢性呼吸道病相似,但消化道严重出血,并且出现神经症状,这些易与慢性呼吸道病区别。

鸡新城疫可诱发慢性呼吸道病,而且其严重病症会掩盖慢性呼吸道病,往往是新城疫症状消失后,慢性呼吸道病的症状才逐渐显示出来。

(5)鸡慢性呼吸道病与禽流感的鉴别:二者均有呼吸困难,呼吸有啰音,咳嗽,打喷嚏,流鼻液,流泪等临床症状。但二者的区别在于:禽流感的病原为A型流感病毒。病鸡冠髯和眼周围呈黑红色,头、颈、声门水肿,口腔黏膜有出血点,有时排灰、绿或红色稀粪,腿麻痹。剖检可见鼻咽有灰或红色渗出液,腺胃黏膜、肌胃角质下层出血,两胃交界处严重出血,十二指肠、胸骨内面、胸肌、腹部脂肪、心脏均有出血,肝、脾、肾有黄色小坏死灶。用酶联免疫吸附试验可于感染后6天检出流感病毒抗体。

(6)鸡慢性呼吸道病与鸡曲霉菌病的鉴别:二者均有呼吸困难,打喷嚏,呼吸时有"沙沙"水泡声,摇头甩鼻,腿睑肿大,结膜炎,产蛋率下降等临床症状。但二者的区别在于:鸡曲霉菌病的病原为曲霉菌。病鸡对外界反应淡漠,头颈伸直,张口呼吸,剖检可见肺有霉菌结节,周围红色浸润,切开干酪样物有层状结构,气囊也有霉菌结节,有时形成霉斑。镜检肺部结节压片可见曲霉菌的菌丝,气囊结节可见分生孢子柄和孢子。

(7)鸡慢性呼吸道病与维生素A缺乏症的鉴别:二者均有病鸡生长不良,眼睑肿大,结膜炎等临床症状。但二者的区别在于:维生素A缺乏症的病因是维生素A缺乏所致。病鸡眼中蓄积的豆渣样渗出物为白色,不发黄,喉部及食道黏膜上有许多白色小结节,腿部褪色,抗生素治疗无效而用鱼肝油治疗很快见效,这些均可以区别于鸡慢性呼吸道病。不过,鸡维生素A缺乏症也可诱发慢性呼吸道病。

【预防措施】

(1)对种鸡群进行血清学检查,淘汰阳性鸡,以防止垂直传染。

(2)对感染过本病的种鸡,每半月至1月用链霉素饮水2天,每只鸡 30～40 万单位,对减少种蛋中的病原体有一定作用。

(3)种蛋入孵前在红霉素溶液(每千克清水中加红霉素 0.4～1 克,须用红霉素针剂配制)中浸泡 15～20 分钟,对杀灭蛋内病源体有一定作用。

(4)雏鸡出壳时,每只用 2000 单位链霉素滴鼻或结合预防白痢,在 1～5 日龄用庆大霉素饮水,每千克饮水加 8 万单位。

(5)对生产鸡群,甚至被污染的鸡群可普遍接种鸡败血支原体油乳剂灭活苗。7～15 日龄的雏鸡每只颈背部皮下注射 0.2 毫升;成年鸡颈背皮下注射 0.5 毫升。无不良反应,平均预防效果在80% 左右。注射菌苗后 15 日龄开始产生免疫力,免疫期约 5 个月。

【治疗方法】　用于治疗本病的药物很多,其中链霉素、北里霉素、泰乐霉素及高力米先等具有较好的效果,可列为首选药物。

(1)用链霉素饮水,每千克饮水中加 100 万单位,连用 5～7天;重病鸡挑出,每日肌内注射链霉素 2 次,成鸡每次 20 万单位,2月龄幼鸡每次 8 万单位,连续 2～3 天,然后放回大群参加链霉素大群饮水。

(2)用北里霉素混水,每千克饮水中加北里霉素可溶性粉剂0.5 克,连用 5 天。

(3)用卡那霉素混水,每千克饮水中加 150～200 毫克,连用 5天。

(4)用强力霉素混料,每千克饲料中加 100～200 毫克,连用 5天。

(5)用复方泰乐霉素混水,每千克饮水中加 2 克,连用 5 天。

(6)用高力米先混水,每千克饮水加 2 克,连用 5 天。

(7)用螺旋霉素肌内注射,每千克体重 30～50 毫克,每日 1次;按 0.04% 浓度饮水,连用 3 天。

(8)用氟罗沙星混水,冬天饮水浓度为 100 毫克/升;夏天为

25～50毫克/升,连用5天,对鸡败血霉形体和大肠杆菌混合感染有较好的治疗效果。

(9)中药治疗:用柴胡、荆芥、半夏、茯苓、甘草、贝母、桔梗、杏仁、玄参、赤芍、厚朴、陈皮各30克,细辛6克,研粗粉,用时加沸水焖半小时,取上清液,加水适量供饮服,药渣拌料服,剂量为每千克体重1克/日生药。本方称为"百咳宁",对鸡传染性喉气管炎、传染性支气管炎、传染性鼻炎等多种呼吸道传染病均有疗效(病毒引起的呼吸道传染病减柴胡、荆芥,加夏枯草、贯众、白花、蛇舌草、连翘、黄芩各30克)。

二十三、鸡大肠杆菌病

鸡大肠杆菌病是由不同血清型的大肠埃希氏杆菌所引起的一系列疾病的总称。它包括大肠杆菌性败血症、死胎、初生雏腹膜炎及脐带炎、全眼球炎、气囊炎、关节炎及滑膜炎、坠卵性腹膜炎及输卵管炎、出血性肠炎、大肠杆菌性肉芽肿等等。

【流行特点】　大肠杆菌在自然界广泛存在,也是畜禽肠道的正常栖居菌,许多菌株无致病性,而且对机体有益,能合成维生素B和维生素K,供寄主利用,并对许多病原菌有抑制作用。大肠杆菌中一部分血清型的菌株具有致病性,或者当鸡体健康、抵抗力强时不致病,而当机体健康状况下降,特别是在应激情况下就表现出其致病性,使感染的鸡群发病。

鸡、鸭、鹅等家禽均可感染大肠杆菌,鸡在4月龄以内易感性较高。本病的传染途径有三种:一是母源性种蛋带菌,垂直传递给下一代雏鸡;二是种蛋本来不带菌,但蛋壳上所沾的粪便等污染物带菌,在种蛋保存期和孵化期侵入蛋的内部;三是接触传染,大肠杆菌从消化道、呼吸道、肛门及皮肤创伤等门户都能入侵,饲料、饮水、垫草、空气等是主要传播媒介。

鸡大肠杆菌病可以单独发生,也常常是一种继发感染,与鸡白痢、伤寒、副伤寒、慢性呼吸道病、传染性支气管炎、新城疫、霍乱等合并发生。

【临床症状及病理变化】

(1)大肠杆菌性败血症:本病多发于雏鸡和6～10周龄的幼鸡,死亡率一般为5%～20%,有时也可达50%。寒冷季节多发,打喷嚏,呼吸障碍等症状和慢性呼吸道病相似,但无面部肿胀和流鼻液等症状,有时多和慢性呼吸道病混合感染。幼雏大肠杆菌病夏季多发,主要表现精神萎靡,食欲减退,最后因衰竭而死亡。有的出现白色乃至黄色的下痢便,腹部膨胀,与白痢和副伤寒不易区分,死亡率多在20%以上。纤维素性心包炎为本病的特征性病变,心包膜肥厚、混浊,纤维素和干酪样渗出物混合在一起附着在心包膜表面,有时和心肌粘连。常伴有肝包膜炎,肝肿大,包膜肥厚、混浊、纤维素沉着,有时可见到有大小不等的坏死斑。脾脏充血、肿胀,可见到小坏死点。

(2)死胎、初生雏腹膜炎及脐带炎:孵蛋受大肠杆菌污染后,多数胚胎在孵化后期或出壳前死亡,勉强出壳的雏鸡活力也差。有些感染幼雏卵黄吸收不良,易发生脐带炎,排白色泥土状下痢便,腹部膨胀,多在出壳后2～3天死亡,5～6日龄后死亡减少或停止。在大肠杆菌严重污染环境下孵化的雏鸡,大肠杆菌可通过脐带侵入,或经呼吸道、口腔而感染。雏鸡多在感染后数日发生败血症,死亡率可达20%。鸡群在2周龄时死亡减少或停止,存活的雏鸡发育迟缓。

死亡胚胎或出壳后死亡的幼雏,一般卵黄膜变薄,呈黄色泥土状,或有干酪样颗粒状物混合。4月龄后感染的鸡雏可见心包炎,但急性死亡的剖检变化不明显。

(3)全眼球炎:本病一般发生于大肠杆菌性败血症的后期,少数鸡的眼球由于大肠杆菌侵入而引起炎症,多数是单眼发炎,也有双眼发炎的。表现为眼皮肿胀,不能睁眼,眼内蓄积脓性渗出物。角膜浑浊,前房(角膜后面)也有脓液,严重时失明。病鸡精神萎靡,蹲伏少动,觅食也有困难,最后因衰竭而死亡。剖检时可见心、肝、脾等器官有大肠杆菌性败血症样病变。

(4)气囊炎:本病通常是一种继发性感染。当鸡群感染慢性呼吸道病、传染性支气管炎、新城疫时,对大肠杆菌的易感性增高,如吸入含有大肠杆菌的灰尘就很容易继发本病。一般 5～12 周龄的幼鸡发病较多。

病鸡气囊增厚,附着多量豆渣样渗出物,病程较长的可见心包炎、肝周炎等。

(5)关节炎及滑膜炎:多发于雏鸡和育成鸡,散发,在跗关节周围呈竹节状肿胀,跛行。关节液混浊,腔内有时出现脓汁或干酪样物,有的发生腱鞘炎,步行困难。内脏变化不明显,有的鸡由于行动困难不能采食而消瘦死亡。

(6)坠卵性腹膜炎及输卵管炎:产蛋鸡腹气囊受大肠杆菌侵袭后,多发生腹膜炎,进一步发展为输卵管堵塞,排出的卵落入腹腔。另外,大肠杆菌也可由泄殖腔侵入,到达输卵管上部引起输卵管炎。

(7)出血性肠炎:主要病变为肠黏膜出血、溃疡,严重时在浆膜面即可见到密集的小出血点。病鸡除肠出血外,在肌肉皮下结缔组织、心肌及肝脏多有出血,甲状腺及腹腺肿大出血。

(8)大肠杆菌性肉芽肿:在小肠、盲肠、肠系膜及肝、心肌等部位出现结节状灰白色至黄白色肉芽肿,死亡率可达 50% 以上。

【鉴别诊断】

(1)鸡大肠杆菌病与鸡白痢的鉴别:二者均有精神不振,羽毛蓬乱,腹泻,呼吸困难,发育不良等临床症状。但二者的区别在于:鸡白痢的病原为鸡白痢沙门氏菌,以蛋传播为主,有的未出壳或刚出壳的雏鸡即出现死亡。病雏排白色稀便,肛门周围被粪便污染,积粪封住肛门时排粪鸣叫,除粪块稀粪喷射而出。剖检可见心、肺、盲肠、大肠、肌胃有坏死结节,盲肠有干酪样物。取病料用普通肉汤琼脂平板直接分离,根据菌落特征(光滑、闪光、均质、隆起、透明、呈圆形多角形,密集的菌落为 1 毫米或更小,孤立的 4 毫米或更大)可确定。

(2)鸡大肠杆菌病与鸡副伤寒的鉴别:二者均有体温升高(43~44 ℃),羽毛松乱,呆立或挤堆,厌食,饮水增加,下痢,肛门粪污等临床症状。但二者的区别在于:鸡副伤寒的病原为副伤寒沙门氏菌,4~6 周龄为死亡高峰,1 月龄以上很少死亡。青年、成年鸡发病后多数恢复迅速。剖检可见,输卵管增生性病变,卵巢有化脓性坏死病变(心包、肝周、腹腔无纤维性分泌物),用单克隆抗体和核酸探针为基础的检测沙门菌诊断盒容易做出诊断。

(3)鸡大肠杆菌病与鸡链球菌病的鉴别:二者均有羽毛松乱,减食或废食,腹泻,粪呈黄白色等临床症状。并均有心包、腹腔有纤维素,肝肿大,肝周炎等剖检病变。但二者的区别在于:鸡链球菌病的病原为链球菌。病鸡突发萎顿,嗜睡,冠髯发紫或苍白,足底皮肤坏死,濒死前角弓反张、痉挛。剖检可见皮下浆膜、肌肉水肿,肝瘀血、呈暗紫色、有出血点和坏死点(无纤维素包围),肺瘀血、水肿。病料染色镜检,可见革兰氏阳性的单个或短链球菌。

(4)鸡大肠杆菌病与鸡结核病的鉴别:二者均有精神委顿,羽毛松乱,减食或废食,不愿活动,腹泻,产蛋下降,有关节炎等临床症状。并均有肝、脾有结节块(肉芽肿)等剖检病变。但二者的区别在于:鸡结核病的病原为结核分枝杆菌。病鸡渐进性消瘦,胸骨突出如刀,翅下垂。剖检可见肝、脾、肠道、气囊、肠系膜等均有结核结节(粟粒大、豆大、鸽蛋大),切开干酪样物,涂片后用妻－尼氏染色法染色,镜检显红色结核分技杆菌。

(5)鸡大肠杆菌病与鸡溃疡性肠炎的鉴别:二者均有精神不振,羽毛松乱,离群呆立,拉稀、有黏液和血液等临床症状。但二者的区别在于:鸡溃疡性肠炎的病原为肠道梭菌。所排稀粪呈黄绿或淡红色、带有黏液且具有特殊恶臭。剖检可见肝肿大、呈砖红色或紫褐色,有粟粒至豆粒大灰白、黄色坏死灶,脾肿大、呈黑褐色,十二指肠肥厚,黏膜明显发黑、出血,盲肠黏膜有粟粒大小干酪样坏死物的溃疡,病料染色镜检,可见菌体和芽孢。

(6)鸡大肠杆菌病与鸡绦虫病的鉴别:二者均有减食或废食、腹泻,粪便混有血液,羽毛粪污等临床症状。但二者的区别在于:鸡绦虫病的病原为绦虫。粪检有虫卵或孕卵节片、卵袋。剖检可在小肠见虫体。

(7)鸡大肠杆菌病与肉鸡腹水征(卵黄性腹膜炎)的鉴别:二者均有食欲减退,羽毛松乱,腹部膨大、下垂等临床症状。并有腹水混有纤维素,心包积液(急性败血症)等剖检病变。但二者的区别在于:鸡腹水征的病因是缺氧、饲喂高能饲料或缺某种元素所致。病鸡腹部皮肤膨大、变薄、发亮,体温正常,鸡冠紫红,皮肤发绀,穿刺可抽出大量腹水。剖检可见腹水淡红或稻草色,含有纤维素。肝紫色,表面附着淡黄胶冻样物。

(8)鸡大肠杆菌病与鸡衣原体病的鉴别:二者均有羽毛松乱,食欲不振,腹泻等临床症状。并均有心包膜增厚,纤维素心包炎,肝周有纤维素,卵囊性腹膜炎等剖检病变。但二者的区别在于:鸡衣原体病的病原为禽衣原体。病鸡冠髯苍白,髯、眼睑、下颌水肿,眼鼻有浆性黏性分泌物,严重消瘦,胸骨隆起。剖检可见鼻腔有多量黏液,黏膜水肿、有出血点,眶下窦有干酪样物,气囊壁厚、表面有纤维素渗出物如海蜇皮。用肝、脾、心包、心肌压片,姬姆萨染色衣原体呈紫色。

(9)鸡大肠杆菌病与鸡肿头综合征的鉴别:二者均有精神不振,羽毛松乱,肿头等临床症状。但二者的区别在于:鸡肿头综合征病鸡病初打喷嚏,眼结膜潮红,头部皮下水肿,很快波及下颌肉髯水肿,肉用种鸡频频摇头,运动失调,角弓反张,头如"观星状"。

剖检可见鼻甲骨黏膜紫红色,头部皮下呈黄色水肿和化脓。取病料接种鸡和火鸡可复制肿头病症状和病变。

【预防措施】

(1)搞好孵化卫生及环境卫生,对种蛋及孵化设施进行彻底消毒,防止种蛋的传递及初生雏的水平感染。

(2)加强雏鸡的饲养管理,适当减小饲养密度,注意控制舍内温、湿度、通风等环境条件,尽量减少应激反应,在断喙、接种、转群等造成鸡体抗病力下降的情况下,可在饲料中添加抗生素,并增加维生素与微量元素的含量,以提高营养水平,增强鸡体的抗病力。

(3)在雏鸡出壳后3~5日龄及4~6周龄时分别给予2个疗程的抗菌类药物可以收到预防本病的效果。

【治疗方法】　用于治疗本病的药很多,其中恩诺沙星、先锋霉素、庆大霉素可列为首选药物。由于致病性埃希氏大肠杆菌是一种极易产生抗药性的细菌,因而选择药物时必须先做药敏试验并需在患病的早期进行治疗。因埃希大肠杆菌对四环素、强力霉素、青霉素、链霉素,卡他霉素、复方新诺明等药物敏感性较低而耐药性较强,临床上不宜选用。在治疗过程中,最好交替用药,以免产生抗药性,影响治疗效果。

(1)用5%恩诺沙星或5%环丙沙星饮水、混料或肌内注射。每毫升5%恩诺沙星或5%环丙沙星溶液加水1千克(每千克饮水中含药约50毫克),让其自饮,连饮3~5天;用2%的环丙沙星预混剂250克均匀拌入100千克饲料中(即含原药5克),饲喂1~3天;肌内注射,每千克体重注射0.1~0.2毫升恩诺沙星或环丙沙星注射液,效果显著。

(2)用庆大霉素混水,每千克饮水中加庆大霉素10万单位,连用3~5天;重症鸡可用庆大霉素肌内注射,幼鸡每次5000单位/只,成鸡每次1万~2万单位/次,每天3~4次。

(3)用氯霉素粉按0.05%浓度混料,连喂5~7天。

（4）用壮观霉素按 31.5 毫克/千克浓度混水，连用 4～7 天。

（5）用痢特灵按 0.04%浓度混料，连喂 5 天。

（6）用强力抗或灭败灵混水。每瓶强力抗药液（15 毫升）加水 25～50 千克，任其自饮 2～3 天，其治愈率可达 98%以上。

（7）用 5%氟哌酸预混剂 50 克，加入 50 千克饲料内，拌匀饲喂 2～3 天。

（8）中药治疗：用白术、茯苓、桑皮、泽泻、大腹皮、茵陈、龙胆草各 30 克，白芍、木瓜、姜皮、青木香、槟榔、甘草各 25 克，陈皮、厚朴各 20 克，煎汁加水适量，供 40 只鸡饮服。预防时用其 1/2 量。

二十四、鸡传染性鼻炎

鸡传染性鼻炎是由鸡嗜血杆菌引起的一种急性上呼吸道疾病。其主要特征为病鸡鼻黏膜发炎，在鼻孔周围黏附污物，打喷嚏，流泪，面部及眼睛周围肿胀，引起幼雏生长停滞，成年母鸡产蛋率下降。

【流行特点】　本病仅发生于鸡，各种日龄的鸡均有易感性，但以 4～12 周龄的青年鸡发病率较高，生产中年轻的产蛋鸡发病也较多见，老龄鸡感染时潜伏期短而病程较长。秋、冬、春季发病较多，夏季较少，病情也较轻。

本病康复鸡可长期带菌，其传染源主要是康复后的带菌鸡、隐性感染鸡和慢性病鸡。这些鸡咳出的飞沫及鼻、眼分泌物均散布病源菌。主要经呼吸道传染，也可通过被污染的饲料或饮水经消化道传染，麻雀等野鸟也能带菌传播。一些应激因素，如鸡舍寒冷潮湿、通风不良、空气污浊、鸡群拥挤、维生素 A 缺乏、患慢性呼吸道病或寄生虫病等，都可促使本病的发生和流行。

【临床症状】　本病自然感染的潜伏期为 1～3 天，也有的长达 2 周。病情较轻的鸡仅表现鼻腔流出稀薄的液体；在严重的病例中,最明显的症状是病鸡鼻窦发炎,先是流出稀薄的水样液体,以后逐渐成为浓稠的黏液并有难闻的臭味。这种鼻腔分泌物干燥后,就在鼻孔周围凝结成淡黄色的结痂。病鸡由于鼻孔内有异物感,常摇头或以脚爪搔鼻部。眼结膜发炎,流泪,继而出现本病的特征性症状——眼皮及其周围的颜面部肿胀(见图2-25)。有时上呼吸道的炎症可以蔓延到气管和肺部,发病鸡呼吸困难并有啰音。病鸡精神不振,食欲减退,体重减轻,有的排稀便。其病程较长,常延续数周,冬季发病比较严重。死亡率高低与病情轻重及治疗、护理有密切关系,幼鸡发病后死亡率为5%～20%,成年鸡一般只有少数死亡,但产蛋量可下降10%～40%。若有慢性呼吸道病等并发症,则病程延长,死亡率增加。产蛋量进一步下降。

图2-25　病鸡眼皮及其
周围的颜面部肿胀

【病理变化】　鼻腔和鼻窦的黏膜充血和肿胀,表面有多量黏液和分泌物的凝块,严重时可见气管黏膜也有同样的炎症,眼结膜充血发炎,面部和肉髯的皮下组织水肿。病程较长的病鸡,可见鼻窦、眶下窦和眼结膜囊内蓄积有干酪样物质;如蓄积过多时,常使病鸡的眼部显著肿胀和向外突出,严重的引起巩膜穿孔和眼球萎缩,以致失明。

【鉴别诊断】

(1)鸡传染性鼻炎与慢性呼吸道病的鉴别:两种病呼吸道症状相似,都表现面部肿胀、流鼻液、流泪。但本病呈急性发生,而慢性呼吸道病是逐渐发病;本病仅有少数鸡出现较轻的呼吸啰音和气囊病变,而慢性呼吸道病在这两方面比较突出;磺胺类药物对本病有显著疗效,但对慢性呼吸道病例则无效。

虽然这两种病有一些不同之处,但他们常相互诱发,共同存在,其症状与病变鉴别往往比较困难。若一时鉴别不清的,可先用链霉素治疗,对两种病均有效。

(2)鸡传染性鼻炎与传染性支气管炎的鉴别:二者均有精神萎靡,流鼻液,打喷嚏,甩头,结膜炎,产蛋率下降等临床症状,并均有鼻腔、鼻窦有黏液等剖检病变。但二者的区别在于:鸡传染性鼻炎成年病鸡症状严重,主要表现鼻腔和鼻窦发炎,眼皮及其周围的颜面部肿胀;通常流鼻液,慢性病例可发出恶臭味;磺胺类药和抗生素治疗有效。传染性支气管炎,幼鸡流鼻液,而且幼鸡发病较重,颜面部肿胀比较少见,磺胺类药和抗生素治疗没有直接效果。

(3)鸡传染性鼻炎与传染性喉气管炎的鉴别:二者均有精神萎靡,流鼻液,结膜炎等临床症状。但二者的区别在于:鸡传染性喉气管炎表现为出血性气管炎症,咳嗽时排出血性黏液,甚至带有血块;剖检可见气管黏膜出血性坏死,病程较长的鸡在喉气管黏膜上带有一层干酪样假膜;磺胺类药和抗生素治疗无直接效果。这样均可区别于传染性鼻炎。

(4)鸡传染性鼻炎与鸡肿头综合征的鉴别:二者均有打喷嚏,甩头,眼睑肿胀,颜面肿胀,下颌部、肉髯水肿,眼结膜充血、肿胀,蛋产量下降等临床症状。但二者的区别在于:鸡肿头综合征泪腺肿胀,一般在发病后12~24小时后头部开始肿胀(先从眼周围开始),早期用爪抓面部。肉用种鸡还有沉郁昏迷持续和重复摇头等症状。剖检可见鼻甲骨黏膜轻度充血,头皮下组织黄色水肿和化脓。用病料接种发生同样头肿及病理变化。

【预防措施】

(1)加强鸡群的饲养管理,增强鸡体质,并防止病原菌传入。

(2)本病发生后,要加强消毒、隔离和检疫工作。淘汰病愈鸡,更新鸡群。

(3)接种疫苗:应用鸡嗜血杆菌灭活菌苗效果良好。第一次给8周龄以上的鸡,在颈背皮下注射0.5毫升,间隔3~4周后重复注射一次。

【治疗方法】 治疗药物可减轻症状和缩短病程,但目前的药物尚不能根治本病,停药后能复发,而且也不能消除带菌状态。为缓解病情,可选用下列药物。

(1)在饲料中添加0.5%磺胺噻唑或磺胺二甲基嘧啶,连喂5~7天。

(2)用磺胺二甲基异恶唑按0.05%浓度混水,连用6天。

(3)本病对链霉素高度敏感。可用链霉素混水,6周龄以内的雏鸡每千克饮水中加70万单位,6周龄以上的青年鸡或成年鸡每千克饮水中加100万单位,连用5天。对重症鸡,每千克体重肌内注射链霉素8万~10万单位,每天2次,连用2~3天。

(4)用土霉素按0.2%浓度混料,连用5~7天。

(5)用庆大霉素混水,每千克水加8万~10万单位,连用3天;肌内注射,每千克体重6000~10 000单位。

(6)用红霉素按0.1%浓度混水,连用3~5天。

(7)用高力霉素按0.02%浓度混水,连用3~5天。

(8)用复方泰乐菌素按0.2%浓度混水,连用5天。

(9)用恩诺沙星或环丙沙星,效果较好。5%恩诺沙星或5%环丙沙星,每毫升药液加水1千克饮服,连用3~5天;肌内注射,每千克体重0.1~0.2毫升;混料饲喂,可用2%环丙沙星预混剂250克,均匀拌入100千克饲料内,连喂3~5天。

(10)用菌克星或一服灵治疗,菌克星每瓶加水25千克,一服灵每瓶加水50千克,任其自饮3~5天。

(11)可用中药"百咳宁"治疗,具体方法参见"鸡慢性呼吸道病"有关部分。

二十五、鸡葡萄球菌病

鸡葡萄球菌病是由金黄色葡萄球菌引起的一种人畜共患传染病。鸡感染本病后，其特征为：幼雏常呈急性败血症，青年鸡和成年鸡多呈慢性型，表现关节炎和翅膀坏死。

【流行特点】　金黄色葡萄球菌在自然界分布很广，在土壤、空气、尘埃、饮水、饲料、地面、粪便及物体表面均有本菌存在。鸡葡萄球菌病的发病率与鸡舍环境存在病菌量成正比。其发生与以下几个因素有关：①环境、饲料及饮水中病原菌含量较多，超过鸡体的抵抗力。②皮肤出现损伤，如啄伤、刮伤、笼网创伤及带翅号、刺种疫苗等造成的创伤等，给病原菌侵入提供了门户。③鸡舍通风不良、卫生条件差、高温高湿，饲养方式及饲料的突然改变等应激因素，使鸡的抵抗力降低。④由鸡痘等其他疫病的诱发和继发。

本病的发生无明显的季节性，但北方以7~10月份多发，急性败血型多见于40~60日龄的幼鸡，青年鸡和成年鸡也有发生，呈急性或慢性经过。关节炎型多见于比较大的青年鸡和成年鸡，鸡群中仅个别鸡或少数鸡发病。脐炎型发生于1周龄以内的幼雏。其他类型比较少见。

【临床症状及病理变化】　由于感染的情况不同，本病可表现多种症状，主要可分为急性败血型、关节炎型、脐炎型、眼型、肺型等。

（1）急性败血型：病鸡精神不振或沉郁，羽毛松乱，两翅下垂，闭目缩颈，低头昏睡。食欲减退或废绝，体温升高。部分鸡下痢，排出灰白色或黄绿色稀便。病鸡胸、腹部甚至大腿内侧皮下浮肿，积聚数量不等的血液及渗出液，外观呈紫色或紫褐色，有波动感，局部羽毛脱落；有时自然破裂，流出茶色或浅紫红色液体，污染周围羽毛。有些病鸡的翅膀背侧或腹面、翅尖、尾、头、背及腿等部位皮肤上有大小不等的出血、炎症及坏死,局部干燥结痂,呈暗紫色,无毛。

剖检可见胸、腹部皮下呈出血性胶样浸润。胸肌水肿,有出血斑或条纹状出血。肝肿大,淡紫红色,有花纹样变化。脾肿大,紫红色,有白色坏死点。腹腔脂肪、肌胃浆膜、心冠脂肪及心外膜有点状出血。心包发炎,心包内积有少量黄红色半透明的心包液。

急性败血型是鸡葡萄球菌病的常见病型,病鸡多在2～5天死亡,快者1～2天呈急性死亡。在急性病鸡群中也可见到呈关节炎症状的病鸡。

(2)关节炎型:病鸡除一般症状外,还表现蹲伏、跛行、瘫痪或侧卧。足、翅关节发炎肿胀,尤以跗、趾关节肿大者较为多见,局部呈紫红色或紫褐色,破溃后结污黑色痂,有的有趾瘤,脚底肿胀(见图2-26)。

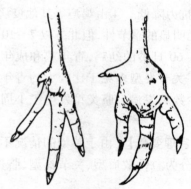

图2-26　病鸡脚底脓肿
(左图为正常的鸡脚)

剖检可见关节炎和滑膜炎。某些关节肿大,滑膜增厚,充血或出血,关节囊内有或多或少的浆液,或有黄色脓性纤维渗出物,病程较长的慢性病例,变成干酪样坏死,甚至关节周围结缔组织增生及畸形。

（3）脐炎型：它是孵出不久的幼雏发生葡萄球菌病的一种病型，对雏鸡造成一种危害。由于某些原因，鸡胚及新出壳的雏鸡脐带闭合不严，葡萄球菌感染后，即可引起脐炎。病雏除一般症状外，可见脐部肿大，局部呈黄红、紫黑色，质稍硬，间有分泌物。饲养员常称之为"大肝脐"。脐炎病雏可在出壳后2～5天死亡。

剖检可见脐内有暗红色或黄红色液体，时间稍久则为脓样干涸坏死物，肝脏表面有出血点。卵黄吸收不良，呈黄红色或黑灰色，液体状或内混絮状物。

（4）眼型：此型葡萄球菌病多在败血型发生后期出现，也可单独出现。病鸡主要表现为上下眼睑肿胀，闭眼，有脓性分泌物粘闭，用手掰开时，则见眼结膜红肿，眼角有多量分泌物，并见有肉芽肿。病程较长的鸡眼球下陷，以后出现失明。

（5）肺型：病鸡主要表现为全身症状及呼吸障碍。剖检可见肺部瘀血、水肿，有的甚至可以见到黑紫色坏疽样病变。

【鉴别诊断】

（1）鸡葡萄球菌病与鸡绿脓杆菌病的鉴别：二者均有精神沉郁，眼半闭，蹲伏，跛行，腹泻，粪呈黄绿色，嗉囊部、大腿内侧有水肿、破溃后流液，关节炎等临床症状，并均有皮下胶样浸润等剖检病变。但二者的区别在于：鸡绿脓杆菌病的病原为绿脓杆菌。病鸡水肿部不显红色，破溃后不流粉红或红色液体。颈下、脐部皮下呈黄绿色胶样浸润。培养基菌落呈蓝绿色。

（2）鸡葡萄球菌病与鸡维生素E-硒缺乏症的鉴别：二者均有关节肿大，跛行，不喜站立等临床症状。但二者的区别在于：鸡维生素E-硒缺乏症的病因是鸡维生素E、硒缺乏所致，多于2～3周龄发病，6周龄肿大消失，12～16周龄再次肿大，雏鸡渗出性素质腹部皮下水肿，针刺流蓝绿色稠液。剖检可见骨骼肌、心肌、胸肌有灰白色条纹，尿中肌酸增多，肌肉内肌酸减少。

（3）鸡葡萄球菌病与鸡维生素K缺乏症的鉴别：二者均有胸

腹皮肤呈紫色,腹泻,卷缩等临床症状。但二者的区别在于:鸡维生素 K 缺乏症的病因是维生素 K 缺乏所致。病鸡翅膀皮下出血、有紫斑,冠髯苍白,凝血时间延长,不如葡萄球菌病变严重,病料镜检无菌。

(4)鸡葡萄球菌病与鸡痛风的鉴别:二者均有关节肿胀,不愿走动,跛行等临床症状。但二者的区别在于:鸡痛风的病因是日粮中蛋白质过多而引起的尿酸血症。病鸡排白色黏液状稀粪,含有多量尿酸盐,关节出现豌豆、蚕豆大结节,破溃后流黄色干酪样物。剖检可见内脏表面和胸腹膜有石灰样尿酸盐结晶薄膜,关节有白色结晶。

(5)鸡葡萄球菌病与鸡腹水综合征(败血型)的鉴别:二者均有羽毛松乱,皮肤发紫,翅膀下垂,不愿走动等临床症状。并均有皮下瘀血,肝肿大、微呈紫红,心包积液等剖检病变。但二者的区别在于:鸡腹水综合征的病因是缺氧、寒冷,饲料高能量所致,而且仅发生于肉鸡,病鸡腹部膨大、皮肤变薄、有波动,穿刺腹腔后流出大量液体。

【预防措施】

(1)搞好鸡舍卫生和消毒,减少病原菌的存在。

(2)避免鸡的皮肤损伤,包括硬物刺伤、胸部与地面的磨擦伤、啄伤等,以堵截病原菌的感染门户。

(3)发现病鸡要及时隔离,以免散布病原菌。

(4)饲养和孵化工作人员皮肤有化脓性疾病的不要接触种蛋,种蛋入孵前要进行消毒。

(5)用葡萄球菌菌苗进行注射接种,可收到一定预防效果。

【治疗方法】　对葡萄球菌有效的药物有青霉素、广谱抗生素和磺胺类药物等,但耐药菌株比较多,尤其是耐青霉素的菌株比较多,治疗前最好先作药敏试验。如无此条件,首选药物有新生霉素、卡那霉素、庆大霉素和氯霉素等。

（1）用青霉素 G，雏鸡饮水 2000～5000 单位/（只·次）；成年鸡肌内注射 2～5 万单位/（只·次），每天 2～3 次，连用 3～5 天。

（2）用红霉素按 0.01% 浓度混水，连用 3～5 天。

（3）用卡那霉素按 0.015%～0.02% 浓度混水，连用 5 天。

（4）用庆大霉素混水，每千克饮水中加 10 万单位，连用 3～5 天。

（5）用土霉素按 0.05% 浓度混料，连喂 5 天。

（6）用螺旋霉素按 0.04% 浓度混水，连用 3 天。

（7）用新生霉素按 0.035% 浓度混料，连喂 5～7 天。

（8）用新诺明按 0.2% 浓度混料，连喂 3～5 天。重症鸡可肌内注射，每千克体重 20～30 毫克/次，每天 1 次，连用 3 天。

（9）用 5% 恩诺沙星混水，每毫升加 1 千克水，连服 3～5 天。

（10）用 2% 环丙沙星预混剂拌料，在 100 千克饲料中加环丙沙星预混剂 250 克，连喂 2～3 天。

（11）用菌克星混水，每瓶混水 25 千克，任其自饮 2～3 天。

（12）用强力抗混水，每瓶（15 毫升）加水 25～50 千克，连饮 3～5 天。

二十六、鸡链球菌病

鸡链球菌病又称鸡睡眠病，是由荚膜链球菌引起的一种急性败血性传染病，其特征为病鸡消瘦、嗜睡，胸部皮下呈黄绿色。

【流行特点】　本病主要发生于鸡，各种年龄的鸡均可感染，尤以 2 月龄以内的幼鸡发病较多，也可感染鸭、鹅、火鸡等。本病一经流行后，病鸡和带菌鸡的分泌物及排泄物中含有大量病原菌，经呼吸道或消化道传染给其他易感鸡群。一些应激因素，如气候突变、温度过高、密度过大、卫生条件太差、饲养管理不良等，均可促使本病发生。病鸡死亡率可达 5%～50%。

【临床症状】 急性败血型病例,精神萎靡,体温升高,黏膜发绀,腹泻,有时肉髯和喉头水肿,一般于 12～24 小时死亡。慢性型病例,常表现精神不振,羽毛松乱,食欲减退,逐渐消瘦,离群呆立,闭目嗜睡。冠、髯苍白或呈紫色。有的病鸡下痢,且粪中带血,严重者胸部皮下呈黄绿色。少数鸡发现有结膜炎,腿、翅轻瘫。局部感染可发生脚底皮肤和组织坏死。

【病理变化】 皮下水肿、出血,有的胸部皮下有黄绿色胶冻样渗出物。胸肌和腿部肌肉出血。肝、脾淤血、肿大,表面有出血点和粟粒大灰黄色坏死灶,质地柔软,切面结构模糊。肺充血、出血,某些病例出现突变。心包积液,心肌和心冠脂肪有出血点。胸腺肿胀、出血,严重的有坏死灶。小肠黏膜增厚,有出血点,严重病例盲肠内容物混有多量血液,盲肠壁也有出血。肾肿大,充血。病程较长者常见关节感染、输卵管炎、卵黄性腹膜炎及肝周炎等。

【鉴别诊断】

(1)鸡链球菌病与禽霍乱的鉴别:二者均有精神萎顿,闭目嗜睡,缩颈,羽毛松乱,冠髯发紫,髯水肿,腹泻,粪呈绿色,产蛋量减少等临床症状;并均有肝肿大、呈暗紫、有坏死点,心冠沟、心外膜有出血点,心包积液、有纤维素等剖检病变。但二者的区别在于:禽霍乱的病原为巴氏杆菌。病鸡口鼻流泡沫黏液,髯热痛。剖检可见鼻腔、皮下组织、肠系膜浆膜、黏膜均有出血点,肠黏膜充血、出血,十二指肠最为严重,黏膜呈暗红色、弥散性出血,肠内容物含有血液或纤维素。病料涂片镜检可见两极着色的卵圆形短杆菌。

(2)鸡链球菌病与鸡大肠杆菌病(败血型)的鉴别:二者均有羽毛松乱,少食或废食,腹泻,粪黄白色,可发生卵囊性腹膜炎、关节炎,跛行等临床症状;并均有心包、腹腔有纤维素性渗出物,肝肿大、肝周炎等剖检病变。但二者的区别在于:鸡大肠杆菌病的病原为大肠杆菌。病鸡离群呆立或挤堆,稀粪混有黏液或血液。剖检可见肝表面有纤维素渗出物,甚至被纤维素包围。除急性败血症外,还有卵囊性腹膜炎(腹腔有大量卵黄、有腥臭)、输卵管炎(输卵管充血、出血)、生殖器官病变(输卵管有出血斑、有絮状块状干酪样物,公鸡睾丸充血)。通过病原分离纯培养,进行染色镜检和生化试验即可确定大肠杆菌。

(3)鸡链球菌病与鸡结核病的鉴别:二者均有精神不振,食欲减退,冠髯苍白,患关节炎,长期拉稀,蛋产量下降等临床症状。但二者的区别在于:鸡结核病的病原为结核分枝杆菌。患鸡病初症状不明显,随后才表现出症状,渐进性消瘦,胸骨突出如刀,翅下垂。剖检可见肝、脾、肠道、气囊、肠系膜等均有结核结节(粟粒大、豆大、鸽蛋大),切开干酪样物,涂片后用姜-尼氏染色法染色,镜检显红色杆菌。禽结核杆菌素注于肉髯皮内呈阳性反应。

(4)鸡链球菌病与鸡李氏杆菌病的鉴别:二者均有精神委顿,羽毛松乱,冠髯发紫,头颈弯曲,头后仰,腿部痉挛或两腿无力等临床症状。并均有心冠脂肪出血,肝肿大、有紫色瘀血斑和坏死灶,肾肿大等剖检病变。但二者的区别在于:鸡李氏杆菌病的病原为鸡李氏杆菌。病鸡皮肤暗紫,翅下垂,倒地侧卧时腿划动或腿部阵发性抽搐。剖检可见肝呈土黄色,有的腹腔有大量血样物。病料涂片镜检可见排列"V"形的阳性小杆菌,以古巴液1:1稀释点眼出现脓性结膜炎,不久死亡。

(5)鸡链球菌病与鸡住白细胞虫病的鉴别:二者均有雏鸡精神委顿,食欲不振,冠苍白,下痢,粪呈绿色,成鸡产蛋量下降等临床症状。但二者的区别在于:鸡住白细胞虫病的病原为住白细胞虫。病鸡口中流涎,粪水样白色或绿色,发育受阻。剖检可见全身皮下出血,肌肉(胸肌、腿肌、心肌)有大小不等出血点,各内脏器官有灰白色或淡黄色粟粒大小结节,挑出结节内容压片,可见裂殖子散出,采翅血管或鸡冠血涂片瑞氏或姬氏染色可见虫体。

【预防措施】　要加强鸡群的饲养管理,搞好鸡舍环境卫生和消毒,避免应激因素袭扰鸡群。鸡群发病后,要及时隔离淘汰病鸡。

【治疗方法】　由于链球菌的抗药菌株较多,用药前最好进行药敏试验,以选择对病原菌敏感的药物。

(1)用痢特灵按 0.04% 浓度混料,连喂 5 天。

(2)用氯霉素按 0.05% 浓度拌料或混水,连用 5 天。

(3)用红霉素按 0.01% 浓度混水,连用 3～5 天;对重症鸡,可肌内注射红霉素,每千克体重 30 毫克,每天 2 次,连用 3 天。

(4)用青霉素 G 肌内注射,每只鸡 2～5 万单位,每天 2～3 次,连用 3 天。

(5)用先锋霉素肌内注射,每千克体重 20 毫克,每天 1 次,连用 3 天。

(6)用螺旋霉素按 0.04% 浓度混水,连用 3 天。

(7)用洁霉素按 0.0035% 浓度混水,连用 4～7 天;对重症鸡,可肌内注射洁霉素,每千克体重 10～30 毫克,每天 2 次,连用 3 天。

(8)用新生霉素按 0.015% 浓度混料,连用 3～5 天。

(9)用 2.5% 恩诺沙星肌内注射,每千克体重 0.1 毫升,多数病鸡一次治愈。尚未痊愈的可于第二天再注射一次,疗效更为显著。

(10)用强力抗混水,每瓶(15 毫升)加水 25～50 千克,连饮 3～5 天。

二十七、鸡曲霉菌病

鸡曲霉菌病又称鸡霉菌性肺炎,是由多种霉菌引起的一种呼吸道疾病。其特征为病鸡呼吸道(尤其是肺和气管)发生炎症和形成霉菌性小结节。

【流行特点】　引起鸡曲霉菌病的曲霉菌有多种。其中致病力最强、起主要作用的是烟曲霉菌(烟脂颜色,即其孢子呈熏烟色),其次是黄曲霉菌、黑曲霉菌、土曲霉菌等。这些霉菌的孢子在外界环境中分布很广泛,如垫草、谷物、木屑、发霉的饲料,以及墙壁、地面、用具和污染的空气中都可能存在,在适宜的温度和湿度中就可以生长繁殖。幼鸡对烟曲霉菌最易感,因而本病主要发生于幼鸡,常呈急性爆发和群发,其发病率和死亡率都比较高。雏鸡出壳后,在严重污染烟曲霉菌的环境或容器内被感染,2~3天后即开始发病和死亡,5~12日龄是流行本病的高峰,以后逐渐减少,到3~4周龄时基本停止死亡。成年鸡表现个别散发。

本病流行的主要传染媒介是污染的垫草、木屑、土壤、空气及饲料,经呼吸道和消化道而感染发病,在育雏阶段饲养管理及环境卫生条件不良,如育雏室内昼夜温差大、过分拥挤、阴暗潮湿、通风换气不好等,均可促使本病的发生和流行。此外,在孵化过程中,如果孵化器被严重污染,霉菌可穿透蛋壳而感染胚胎,以致刚孵出的幼雏即可出现症状。

【临床症状】　本病自然感染的潜伏期为2~7天。急性型病例多出现于雏鸡。病雏精神不振,食欲减退或废绝,渴欲增加,羽毛蓬乱,两翅下垂,对外界反应淡漠,嗜睡,病雏逐渐消瘦。随着病程发展,病雏呼吸困难,常伸颈张口吸气,细听有气管啰音,有时摇头,连续打喷嚏。病后期发生腹泻,冠髯发绀,精神萎靡,闭目昏睡,最后窒息死亡。少数病例有神经症状,摇头,头向背仰,运动失调。有的病雏眼睛受感染,可见结膜充血肿胀,眼睑下可能有干酪样凝块。急性病例通常在出现症状后2~7天死亡。

【鉴别诊断】

(1)鸡曲霉菌病与鸡白痢的鉴别:二者均有精神萎靡,闭目缩颈,翅膀下垂,减食或废食,下痢,气喘,呼吸困难;成鸡贫血、产蛋下降等临床症状。但二者的区别在于:鸡白痢的病原为白痢沙门氏菌。雏鸡白痢除呼吸道症状外,还可见到排出石灰样白色粪便,同时肝、心、消化道也都受侵害,但不形成曲霉菌病特征性同心圆肉芽肿结节,这些均可区别于曲霉菌病。用普通肉汤琼脂平板直接分离,根据菌落形态特征即可鉴定,血清检查有阳性鸡。此外,痢特灵、氯霉素等药物治疗雏鸡白痢有效,而对鸡曲霉菌病无效。

(2)鸡曲霉菌病与鸡慢性呼吸道病的鉴别:二者均有打喷嚏,呼吸时有啰音,摇头甩鼻,眼睑肿大,结膜炎,产蛋量下降等临床症状。但二者的区别在于:鸡慢性呼吸道病的病原为鸡毒支原体。病鸡咳嗽,一侧或两侧眶下窦肿胀,翅膀因擦鼻而沾有鼻液。剖检可见鼻腔、眶下窦、气管、肺有较多浆性黏性分泌物。平板凝集反应呈阳性(出现凝集颗粒)。

(3)鸡曲霉菌病与鸡传染性支气管炎病的鉴别:二者均有精神不振,羽毛松乱,嗜睡,翅膀下垂,打喷嚏,伸颈张口呼吸,呼吸时有咕噜声,摇头甩鼻,下痢,产蛋量下降等临床症状。但二者的区别在于:鸡传染性支气管炎由病毒引起,其病原为传染性支气管炎病毒,疫情传播很快,各种年龄的鸡均可感染发病。成年鸡感染后产蛋量迅速下降,并产畸形蛋。病死鸡剖检后生殖器官病变明显,但肺不形成曲霉菌病特征性肉芽肿结节。这些均可区别于曲霉菌病。

(4)鸡曲霉菌病与鸡副伤寒的鉴别:二者均有精神不振,羽毛松乱,嗜睡、呆立,翅膀下垂,下痢结膜炎等临床症状。但二者的区别在于:鸡副伤寒的病原为副伤寒沙门菌,病鸡饮水增加,呈水样下痢,近热源拥挤。剖检可见肝、脾充血,有出血条纹和出血点、坏死点,心包粘连。用克隆抗体和核酸探针为基础的检测沙门氏菌诊断药盒容易做出诊断。

(5)鸡曲霉菌病与鸡隐孢子虫病的鉴别:二者均有精神不振,打喷嚏,闭目嗜睡,翅膀下垂,减食或废食,伸颈张口呼吸,呼吸困难等临床症状。但二者的区别在于:鸡隐孢子虫病的病原为鸡隐孢子虫。病鸡咳嗽。剖检可见喉气管水肿,有较多泡沫性液体和干酪样物,肺腹侧严重充血、有灰白色硬斑,切面多渗出液,生前取呼吸道黏液用饱和白糖溶液将卵囊浮集、镜检可见包裹内含 4 个裸露的香蕉形子孢子和一个大残体。

(6)鸡曲霉菌病与鸡线虫病(气管比翼线虫)的鉴别:二者均有精神不振,减食或废食,伸颈张口呼吸,摇头甩鼻,呼吸困难等临床症状。但二者的区别在于:鸡气管比翼线虫病的病原为比翼线虫。病鸡口内充满泡沫状唾液,后期呼吸困难,窒息死亡。剖检口腔、喉头可见权子形虫体。

【预防措施】　不使用发霉的垫料和不喂发霉的饲料是预防本病的主要措施。垫料应经常翻晒,有条件的最好采用网上育雏。要保持鸡舍通风、干燥,防止潮湿。

【治疗方法】　目前对本病尚无特效的治疗方法,下列药物具有一定的防治作用,可控制病情的发展。

(1)用制霉菌素混水,每 100 只雏鸡用 50 万单位,每天 2 次,连用 2 天。

(2)用克霉唑口服,每千克体重 20 毫克/次,每日 3 次。

(3)用硫酸铜按 1∶3 000 的比例混水,连用 3~5 天。

(4)中药治疗:取鱼腥草、蒲公英各 60 克,筋骨草 15 克,山海螺 30 克,桔梗 15 克,加水煎汁,共作饮水,连服 7~10 天,有一定防治效果(此方为 100 只 5~10 日龄雏鸡 1 天用量)。

二十八、鸡结核病

鸡结核病是由结核杆菌引起的一种慢性传染病,其主要特征为病鸡日渐消瘦,在体内形成结核结节与脓疮,严重影响产蛋。

【流行特点】　本病主要发生于鸡,火鸡、鸭、鹅、鸽及猪、牛等畜禽也均能感染。鸡的易感性与其年龄有关,雏鸡易感,成年鸡的抗病力较强。

　　本病的主要传染源是病鸡和带菌鸡,其感染途径主要是消化道和呼吸道,也可经皮肤创伤侵入。病鸡、带菌鸡的分泌物和排泄物含有大量病原菌,污染土壤、垫草、用具、饲料和饮水,健康鸡吞食后而受感染。鸡蛋、野禽也能传染本病。运输工具和管理人员也能成为本病的传染媒介。饲养管理条件差、鸡群密度大、重复感染等都能促进本病的发生。由病鸡蛋孵出的雏鸡患病,多半为病程较短的全身性结核病而死亡。

　　【临床症状】　鸡结核病的潜伏期较长,一般须经几个月才逐渐表现出明显的症状。病鸡精神沉郁,身体衰弱,不爱活动,日渐消瘦,体重减轻,特别是胸肌萎缩明显,胸骨突出、变形。随着病程发展可见羽毛松乱,皮肤干燥,冠、髯苍白。多数病鸡呈单侧性跛行和特异性痉挛,呈跳跃式的步态,偶有一侧翅膀下垂,肿胀的关节有时破溃,流出干酪样的分泌物。成年鸡产蛋量减少或停产。腹部可触摸到结节状或块状物及肝脏上的结节。如果在肠道有结核性溃疡,可导致病鸡严重腹泻或间歇性腹泻。最后病鸡多因全身衰竭而死亡。病程可长达数月乃至一年以上。

　　【病理变化】　病死鸡常是极度消瘦,肌肉萎缩。多在肝、脾、肠系膜淋巴结及肺脏等器官形成粟粒大至豌豆大的灰黄色或灰白色的结核结节,大多为圆形,有的几个结节融合在一起呈不规则状,将结节切开,可见结节外面包裹一层纤维性的包膜,里面充满黄白色干酪样物质。在肠壁和腹壁上也常有许多大小不等的灰白色结核结节。此外,在骨骼、卵巢、睾丸、胸腺以及腹膜等处,也可见到结核结节。这些结核结节的特点通常是界限明显,坚韧如软骨,但具有中心柔软或干酪样的病灶,如完全钙化时则质如沙砾。

　　【鉴别诊断】

　　(1)鸡结核病与鸡伤寒的鉴别:二者均有精神委顿,羽毛松乱,冠髯苍白皱缩,贫血,腹泻等临床症状;并均有肺、肝有坏灶等剖检病变。但二者的区别在于:鸡伤寒的病原为伤寒沙门氏菌。

鸡感染后体温升高至43~44℃,发生卵黄性腹膜炎时像企鹅样站立,病程5~10天死亡。剖检可见肝呈棕绿或古铜色(雏鸡变红),肝、肺、肌胃均有灰色坏死灶(不形成结节)用病料分离培养可鉴定鸡伤寒沙门氏菌。

(2)鸡结核病与鸡副伤寒的鉴别:二者均有精神委顿,食欲不振,下痢,消瘦,关节炎,产蛋下降等临床症状;并均有肝、脾肿大等剖检病变。但二者的区别在于:鸡副伤寒的病原为沙门杆菌。成鸡下痢,脱水后大多恢复迅速,死亡不超过10%。剖检可见出血性坏死性肠炎、心包炎、腹膜炎,输卵管坏死性增生性病变,卵巢化脓性坏死性病变,以克隆抗体和核酸探针为基础的检测沙门氏菌诊断药盒容易作出诊断。

(3)鸡结核病与鸡大肠杆菌病的鉴别:二者均有精神不振,食欲减退或废绝,羽毛松乱,腹泻,关节炎等临床症状;并均有肝、脾有结节块(肉芽肿)等剖检病变。但二者的区别在于:鸡大肠杆菌病的病原为鸡大肠杆菌。病鸡排黄白色带血稀粪。剖检可见心包、肝、腹膜有纤维性炎,有大量纤维素。通过分离培养、染色镜检和生化试验确诊。

(4)鸡结核病与鸡链球菌病的鉴别:二者均有精神委顿,食欲减退或废绝,羽毛松乱,冠髯苍白,腹泻,消瘦,关节炎,产蛋下降等临床症状。但二者的区别在于:鸡链球菌病的病原为链球菌。病鸡嗜眠昏睡,冠髯有时发紫,慢性轻瘫,跗趾关节炎,足底皮肤坏死。剖检可见败血型皮下、浆膜肌肉水肿,心包、腹腔浆膜有出血性纤维素渗出物。其他脏器均有出血点。病料涂片、染色镜检可见单个或短链排列的球菌。

(5)鸡结核病与鸡弯曲杆菌性肝炎的鉴别:二者均有精神委顿,冠髯苍白,羽毛松乱,逐渐消瘦,腹泻,产蛋下降等临床症状;并均有肝肿大、呈黄褐色、有灰白色坏死灶(类似结节)等剖检病变。但二者的区别在于:鸡弯曲杆菌性肝炎病原为弯曲杆菌。病雏粪

便先呈黄褐色,再呈面糊状,后水样。剖检可见亚急性肝肿大 1 ～
2 倍、呈红黄或黄褐色,肝、脾均有出血点、坏死点。肝隙状窦可见
到菌落。用免疫过氧化物染色可见菌体呈棕黄色,培养的菌落镜
检可见弯曲杆菌。

(6)鸡结核病与鸡曲霉菌病的鉴别:二者均有精神不振,呆
立,羽毛松乱,逐渐消瘦,贫血,产蛋下降,病程长(数周或数月)等
临床症状;并均有肺、气囊有结节、切开呈干酪样等剖检病变。但
二者的区别在于:鸡曲霉菌病的病原为曲霉菌,雏鸡发病时闭目昏
睡,呼吸困难,摇头甩鼻;成年鸡也有呼吸困难。剖检可见肺有霉
菌结节(粟粒至绿豆粒大),色呈灰白、黄白、淡黄,周围有红色浸
润,柔软,干酪样物有层状结构。气囊的霉菌结节呈烟绿色或深褐
色,用手拨动有粉状物飞扬。霉菌结节置玻璃片上加生理盐水、镜
检肺部可见曲霉菌的菌丝,气囊可见分生孢子柄和孢子。

(7)鸡结核病与禽霍乱(慢性)的鉴别:二者均有精神不振,食
欲减退,冠髯苍白,关节炎,长期拉稀,产蛋下降,病程长(几周)等
临床症状。但二者的区别在于:禽霍乱的病原为巴氏杆菌。慢性
病例多出现该病流行后期,急性时口鼻流泡沫性黏液,冠髯黑紫水
肿有热痛,剧烈腹泻,粪灰黄色或灰绿色。剖检可见皮下组织、腹
腔脂肪、肠系膜、黏膜、浆膜有出血点,胸腔气囊、肠浆膜有纤维素
性或干酪样渗出物。慢性鼻腔、气管、支气管卡他性炎症分泌物增
多,肺实质变硬,病料涂片镜检可见两极着色的短杆菌。

【防治措施】　本病药物治疗价值不大,主要做好防疫工作。

(1)发现病鸡应及时隔离淘汰,死鸡不能随意乱扔,必须烧毁
或深埋,以防传播疫病。

(2)对鸡舍和饲养用具要彻底清洗消毒,最好闲置几个月,淘
汰老的旧设备。

(3)鸡群要进行定期检疫,发现阳性反应鸡立即淘汰,鸡场彻
底消毒。6 个月以后,再进行第二次检疫,检查有无新的病鸡出

现,直到所有的阳性鸡全部检出时为止。

(4)病鸡群所产的蛋,不能留作种用。

二十九、鸡坏死性肠炎

鸡坏死性肠炎是由产气荚膜杆菌引起的一种肠道传染病,其主要特征为病鸡腹泻,排红褐色乃至黑褐色煤焦油样稀便。

【流行特点】　本病多发于温度和温度较高的 4～9 月份,以 2～5 周龄的肉鸡和 5 周龄以上的蛋鸡尤其是 3 周龄的肉鸡发生较多,平养比笼养多发。以突然发病和急性死亡为特征。

【临床症状】　急性病例表现精神沉郁,体温升高到 43.5 ℃以上。羽毛松乱,翅膀下垂,呈蹲坐姿势。皮肤出血、坏死,部分关节肿大,食欲减退或废绝,腹泻,排红褐色乃至黑褐色煤焦油样稀便,有时混有肠黏膜组织。发病后迅速死亡。慢性病例症状不明显,仅见肛门周围沾污粪便,病鸡生长发育不良。

【病理变化】　病变主要在小肠,特别是小肠的后 1/3 部分。小肠腔内因存在大量气体而明显膨胀,肠壁有的部位黏膜脱落而菲薄,有的部位附有黄褐色伪膜而增厚。肠内含有白色、灰白色或黄白色渗出物,有的为血样、黑红色或褐色泥状。慢性病例多在小肠黏膜上形成伪膜。病鸡肌肉苍白并有出血点,腹腔内积有血液。肝、脾肿大 2～3 倍,肝脏有黄色坏死条纹,脾脏有出血点,表面有点状气泡。心脏表面有突出的芝麻大黄白色结节,呈砂粒状。肺脏气肿,有大小不等、颜色不一的坏死灶。

【鉴别诊断】

(1)鸡坏死性肠炎与鸡溃疡性肠炎的鉴别:二者均有精神委顿,羽毛松乱,消瘦,腹泻等临床症状。并均有肠炎、肝脾肿大等剖检病变。但二者的区别在于:鸡坏死性肠炎的病原为产气荚膜杆菌,而鸡溃疡性肠炎的病原为肠道梭菌;鸡坏死性肠炎只发生于鸡,其特征性病变为小肠下部肥厚和坏死,肝病变涂片染色镜检可见多量粗大杆菌,但无芽孢所见,应用青霉素和痢特灵等药物治疗有效,鸡溃疡性肠炎可使鸡、鹌鹑、火鸡以及其他鸟类发病,故将其病料喂鹌鹑可引起发病,但喂以坏死性肠炎的病料则不发病。鸡溃疡性肠炎的典型病变为盲肠溃疡,其病变涂片后,经芽孢染色可见有典型芽孢,除氯霉素或链霉素外,其他抗生素防治无效。

（2）鸡坏死性肠炎与鸡组织滴虫病的鉴别:二者均有精神沉郁,食欲减退或废食,羽毛松乱,排血样粪便等临床症状。但二者的区别在于:鸡组织滴虫病的病原为组织滴虫。病鸡畏寒,排淡黄或淡绿色稀便,严重时大量排血,末期冠发紫(称黑头病)。剖检可见盲肠增厚,充满浆液性出血性渗出物形成干酪样盲肠肠芯,黏膜有溃疡或穿孔,肝呈紫褐色、表面有黄绿色圆形凹陷,将盲肠内容物作悬滴镜检,可见组织滴虫。

（3）鸡坏死性肠炎与鸡戴文绦虫病的鉴别:二者均有精神沉郁,食欲减退或废食,羽毛松乱,下痢粪中带血等临床症状。但二者的区别在于:鸡戴文绦虫病的病原为戴文绦虫。病鸡粪检可见虫卵、孕结片、卵带。剖检肠内有绦虫。

（4）鸡坏死性肠炎与鸡喹乙醇中毒的鉴别:二者均有精神沉郁,食欲减退或废食,排黑色粪间或带血等临床症状。但二者的区别在于:鸡喹乙醇中毒的病因是日粮喹乙醇过量。病鸡不愿活动,后期昏迷而死。剖检可见嗉囊充满食物,腺胃增厚。

【预防措施】

（1）加强鸡群的饲养管理,搞好鸡舍的清洁卫生,减少病原菌的污染。

（2）鸡群发病后,对病鸡应及时隔离,并全面彻底清扫和消毒鸡舍,避免病原菌扩散。

（3）药物预防:产气荚膜杆菌对金霉素、土霉素、四环素、青霉素、杆菌肽素等均比较敏感,在鸡的易感期连续不断地使用杆菌肽素、土霉素或青霉素等混料,能有效地控制鸡坏死性肠炎的发生。

【治疗方法】

(1)用庆大霉素拌料或混水,每千克水中加 2 万单位,每天 2 次,连用 5 天。

(2)用青霉素混水,每只雏鸡每次 5000 单位,在 1~2 小时内用完,每天 2 次,连用 5 天。

(3)用四环素按 0.01% 浓度混水,连用 5~7 天。

(4)用杆菌肽素拌料,雏鸡 100 单位/只,青年鸡 200 单位/只,每天用药 1 次,连用 5 天。

(5)用林可霉素混料,每吨饲料添加 2.2~4.4 克,连用 5~7 天。

(6)用环丙沙星混料或饮水,每千克饲料或饮水中添加 25~50 毫克,连用 3~5 天。

三十、鸡溃疡性肠炎

鸡溃疡性肠炎是由肠道梭菌引起的一种急性肠道传染病,以消化道溃疡、出血,肝脏坏死为特征。因本病最早发现于鹌鹑,故又称鹌鹑病。

【流行特点】　本病多发于 60~80 日龄的鸡,一年四季均可发生,除肉鸡外,蛋鸡也可发生,鸭不易感染。发病率 5%~70% 不等,死亡率有时高达 80%。发病诱因主要是卫生条件不好,如潮湿、拥挤、通风不良、营养缺乏和继发于禽霍乱、鸡慢性呼吸道病等。病禽和带菌禽是本病的主要传染源;苍蝇也是本病的传播媒介。

【临床症状】　急性病例通常不见明显症状而突然死亡,病程稍长的可表现食欲减退,精神不振,远离大群,独居一隅,蹲腿缩颈,羽毛松乱而无光泽。排出的粪便常附有黏液,多呈黄绿色或淡红色的稀便,常具有一种恶臭味。随着病程的延长而引起鸡体逐渐消瘦。有时肛门周围的羽毛也被黄色混有颗粒状粪便污染。

【病理变化】　十二指肠肿胀,肠壁增厚出血,肠黏膜明显发黑,有时因肠黏膜脱落而呈现不规则的块状或附有麦麸状黄色坏死物,有时黏膜上出现暗紫色出血点或小坏死点,周围有一暗红色出血圈,从浆膜上即可看出。有时有粟粒大的小突起,中央呈喷火口样凹陷,其色稍发黑或无变化,突起内蓄有灰白色浆液状或有灰白色豆腐渣样坏死物。有的病例则出现边缘不整的溃疡,其上附有黄色片状坏死,高于表面,溃疡表面有时出血。

肝脏肿大呈砖红色或紫褐色,有时呈暗绿色。肝表面有粟粒大到黄豆粒大的灰白色坏死点,有时呈现几种染色不一的花斑坏死区则为本病特征性的肝坏死病变。脾脏亦多肿大呈黑褐色,有时因瘀血出现深浅不同的紫黑花斑状,如同"雪花尼布"一样病变。偶有粟粒大或高粱粒大的坏死点。

心脏偶有少量出血点,心包液有时增多呈稻草黄色。

【鉴别诊断】

(1)鸡溃疡性肠炎与坏死性肠炎的鉴别:二者均有精神不振,羽毛松乱,食欲减退或废食,排含血稀便等临床症状。并均有小肠壁增厚,黏膜有麸皮样坏死灶。二者病在临床症状和病理变化上极为相似,但二者的区别在于:坏死性肠炎只发生于鸡,其特征性病变为小肠下部肥厚和坏死,肝病变涂片染色镜检可有多量革兰阳性粗大杆菌,但无芽孢所见。应用青霉素和痢特灵等药物防治有效;鸡溃疡性肠炎可使鸡、鹌鹑、火鸡以及其他鸟类发病,故将其病料喂鹌鹑可引起发病,但喂以坏死性肠炎的病料则不发病。本病的典型病变为盲肠溃疡。其肝病变涂片后,经芽孢染色可见有典型芽孢,除氯霉素或链霉素外,其他抗生素防治无效。

(2)鸡溃疡性肠炎与禽霍乱的鉴别:二者均有精神萎靡,羽毛松乱,腹泻等临床症状。并均有肝脏肿大、坏死呈紫褐色等剖检病变。但二者的区别在于：禽霍乱病鸡体温升高达43～44℃，肉髯肿胀，剖检肝坏死的特点为肝脏表面的坏死点呈圆点状突起，溃疡性肠炎的肝坏死多呈不规则的条状，似隐含在肝内、鸡霍乱脾脏无变化，肠黏膜也很少有出血，更没有肠溃疡所见，肝涂片可发现典型的两极染色的多杀性巴氏杆菌，一般应用抗生素、呋喃类和磺胺类药物防治均有效。

（3）鸡溃疡性肠炎与盲肠肝炎的鉴别：二者均有精神萎靡，羽毛松乱，腹泻等临床症状。并均有肝脏肿大、坏死，肠炎等剖检病变。但二者的区别在于：鸡盲肠肝炎的肝坏死多呈圆形，坏死区稍稍凹陷，但边缘稍稍隆起。鸡溃疡性肠炎的肝坏死兼有坏死条或点，脾脏出血和溃疡则为盲肠肝炎所没有。盲肠肝炎有干酪样的凝固栓子，堵在肠里面，鸡溃疡性肠炎则无此病变。盲肠肝炎应用一般药物防治有效，而本病除氯霉素、链霉素外，一般药物均无理想疗效。

（4）鸡溃疡性肠炎与球虫病的鉴别：二者均有精神萎靡，羽毛松乱，腹泻等临床症状。并均有肠黏膜炎症、出血等剖检病变。但二者的区别在于：鸡球虫病多发生于15～30日龄的雏鸡，而鸡溃疡性肠炎多发生在60～80日龄的青年鸡。鸡球虫病的剖检病变主要表现为肠道出血，其颜色鲜红，而鸡溃疡性肠炎出血较轻且颜色淡红。鸡球虫病一般无肝脾和肠道溃疡病变，其肠出血物镜检可发现球虫卵，一般药物防治有效。

（5）鸡溃疡性肠炎与沙门菌病、大肠杆菌病的鉴别：三者均有精神萎靡，羽毛松乱，腹泻等临床症状。但其区别在于：鸡溃疡性肠炎虽然经常可以同时分离出沙门氏菌和大肠杆菌，但是单纯由此两种细菌所引起的疾病不具有肠溃疡等病变，且应用土霉素、灭败灵、磺胺类、呋喃类药物防治，一般均有疗效。

（6）鸡溃疡性肠炎与鸡疏螺旋体病的鉴别：二者均有精神不振，减食，下痢、黏液呈绿色等临床症状。并有肝有坏死灶，肺淤血等剖检病变。但二者的区别在于：鸡疏螺旋体病的病原为鸡疏螺旋体。病鸡排浆液性粪便，病后期贫血黄疸。剖检可见脾明显肿大、呈瘀血状出血、外观如斑点状，肠道仅有卡他性肠炎症。采血制成湿片，暗野镜检可见鸡疏螺旋体。

（7）鸡溃疡性肠炎与鸡衣原体病的鉴别：二者均有精神不振，食欲减退或废食，羽毛松乱，眼半闭，下痢，粪绿色，消瘦等临床症状。并均有肝、脾有白色坏死点等剖检病变。但二者的区别在于：鸡衣原体病的病原为衣原体。病鸡鼻有黏性分泌物，冠、髯苍白、髯、眼睑、下颌水肿，胸骨隆起。剖检可见皮下有胶样浸润，眶下窦有干酪样物，鼻腔多黏液，纤维素性心包炎，气囊表面纤维素性渗出如海蜇皮样。肝棕黄、质脆，肺紫红，脾深紫。用肝、脾、心包、心肌压片，姬姆萨染色，衣原体呈蓝色。

【防治措施】

（1）及时隔离病鸡，加强平时的消毒卫生工作是防治本病的有效措施。

（2）氯霉素内服治疗，按每千克体重 100 毫克混饲投服 3～5 天，有良好的防治效果。一般在用药后 2～3 天内死亡率明显下降，1 周内基本上控制疾病的死亡和蔓延。

（3）用链霉素防治，口服量每千克体重 5 万单位，7～8 天后可见死亡减少。

（4）用杆菌肽素治疗，每只雏鸡内服量为 20～50 单位，小鸡 40～100 单位，青年鸡 100～200 单位，成年鸡 200 单位，每天用药 1 次，连用 3 天，也有一定疗效。

（5）用环丙沙星混料，每千克饲料添加 50 毫克，连喂 3～5 天，疗效理想。

三十一、鸡弧菌性肝炎

鸡弧菌性肝炎又称鸡弯杆菌性肝炎,是由弧菌引起的一种传染病。其特征为发病率高,死亡率低,病程缓慢,产蛋量下降,日渐消瘦,肝脏坏死。

【流行特点】 本病仅发生于鸡,多见于比较大的青年鸡和产蛋鸡,在雏鸡中也偶有发病,常呈散发或地方性流行。

本病的主要传染源是病鸡和带菌鸡。病鸡的肠道内存在大量病原菌,随粪便排出后污染饲料、饮水及环境,主要通过消化道传染,也可以种蛋传染。饲养管理不良、应激、球虫病及其他消耗性疾病,经常滥用抗生素破坏了肠道内正常菌群等,都可促使本病的发生。

【临床症状】 本病在鸡群中缓慢发生,持续较久。病鸡精神不振,鸡冠皱缩干枯并带皮屑,身体消瘦,青年母鸡开产推迟,成年鸡产蛋减少(有时减少 20% ~ 30%)。个别比较肥胖的病鸡可能因严重肝炎而突然死亡。

【病理变化】 主要病变在肝脏。肝脏肿胀、充血,表面可见有坏死区,肝脏也可能有许多出血点而呈现斑驳状。由于肝脏膜囊下血红细胞聚集而引起了泡沫状的病变,导致大量出血,以致造成死亡。泡沫状的囊可破裂,使血液流到腹腔内。受侵害的肝脏呈黄褐色,其表面隆起,呈菜花状。此外,在肝脏内部也可充满黏性的脓状物。这些病变不一定全部肝脏均受损害,经常只有部分肝叶表现病变。

患病雏鸡的心脏遭受损害较成年鸡严重,心脏呈灰白色而松软,可见有大面积的病变,在心脏及其周围可见有稻草色的渗出液。心包充满液体,有时可使心包膨胀。

慢性型病例出现肝硬化、肝萎缩和腹水。脾肿大偶见易碎的大梗死灶。卵巢表面卵泡萎缩,退化,仅见一丛豌豆大的卵泡。

【鉴别诊断】

(1)鸡弧菌性肝炎与雏鸡白痢的鉴别:二者均有雏鸡精神萎靡,缩颈闭目,羽毛松乱,腹泻;成年鸡贫血,产蛋量下降等临床症状。并均有肝有坏死等剖检病变。但二者的区别在于:鸡白痢以腹泻为特征,排白色石灰样稀便,肛门周围被白色粪便污染。而弧菌性肝炎多发于青年鸡和成年鸡,雏鸡很少发生,且仅偶见腹泻。

(2)鸡弧菌性肝炎与禽霍乱(慢性)的鉴别:二者均有精神不振,羽毛松乱,腹泻,产蛋量下降等临床症状。并均有肝有坏死等剖检病变。但二者的区别在于:禽霍乱病鸡一侧或两侧肉髯肿大,关节肿大,化脓,跛行。剖检可见肝脏灰色的坏死点。坏死点分布在肝脏表面浅层,而弧菌性肝炎病鸡肝脏黄白色的坏死点呈星状散布在肝脏表面深层。

(3)鸡弧菌性肝炎与鸡伤寒的鉴别:二者均有雏鸡困倦,拉稀,肛门粪污;成年鸡冠髯苍白皱缩,精神委顿,产蛋量下降等临床症状。并均有肝肿大有小坏死灶,胆囊扩张充满稠胆汁等剖检病变。但二者的区别在于:鸡伤寒的病原为伤寒沙门氏菌。病鸡气喘,呼吸困难,生长不良。剖检可见肝呈棕绿色或古铜色,卵子出血、变形、变色,常因卵泡破裂而引起腹膜炎。用病料分离培养鉴定禽伤寒沙门氏菌。

(4)鸡弧菌性肝炎与鸡副伤寒的鉴别:二者均有雏鸡怠倦,羽毛松乱,呆立缩颈,腹泻呈水样粪,肛门粪污;成年鸡脱水消瘦,产蛋量下降等临床症状。并均有肝有坏死点等剖检病变。但二者的区别在于:鸡副伤寒的病原为副伤寒沙门氏菌。病雏偎近热源拥挤,常有结膜炎,目盲,成年鸡一般不显症状,有的出现短期症状(食欲不振、饮水增多、下痢脱水、精神倦怠),大多数恢复迅速,死亡率不超过10%。剖检可见心包有粘连、心包炎、腹膜炎,输卵管增生性病变,卵巢有化脓性坏死病变。用单克隆抗体和核酸探针为基础的检测沙门氏菌诊断盒容易做出诊断。

(5)鸡弧菌性肝炎与鸡白血病的鉴别:二者均有食欲不振,冠髯苍白、皱缩,消瘦,精神委顿,打瞌睡,停止产蛋等临床症状。并均有肝肿大等剖检病变。但二者的区别在于:鸡白血病的病原为鸡白血病病毒。该病一般多发于16周龄以上的鸡群,病鸡腹部膨大(肝肿大),手指直肠检查法氏囊肿大。剖检可见法氏囊内有结节状瘤,肝肿大呈灰白色(成红细胞白血病则肝脾均为樱红色),用葡萄球菌A蛋白酶免疫吸附试验(PDA-ELISA)检验鸡白血病最敏感。

(6)鸡弧菌性肝炎与鸡结核病的鉴别:二者均有精神委顿,食欲不振,冠髯苍白,逐渐消瘦,羽毛松乱,腹泻,产蛋下降等临床症状。并均有肝大呈黄褐色、有灰白色坏死灶(类似结节)等剖检病变。但二者的区别在于:鸡结核病的病原为结核分枝杆菌。患鸡渐进性消瘦,胸骨突出如刀,翅下垂。剖检可见肝、脾、肠道、气囊、肠系膜等均有结核结节(粟粒大、豆大、鸽蛋大),切开干酪样物,涂片后用姜-尼氏染色法染色,镜检显红色杆菌(其他分枝杆菌呈蓝色)。禽结核杆菌素注于肉髯皮内呈阳性反应。

【预防措施】 本病目前尚无有效的免疫制剂,预防本病主要是加强综合性兽医卫生措施。要做好鸡舍的清洁卫生和消毒,防止寄生虫病(毛细线虫病、肠道球虫病等)和某些传染病(大肠杆菌病、马立克氏病、支原线虫病、肠道球虫病等)的发生,保证鸡群健康,增强其抗病能力。

【治疗方法】

(1)用痢特灵按0.04%浓度混料,连喂3~5天。

(2)用磺胺二甲基嘧啶0.2%浓度混料,连喂3天。

(3)用金霉素按0.05%浓度混料,连喂3天。

(4)用土霉素按0.1%浓度混料。连喂3天。

(5)用链霉素肌内注射,每千克体重10万单位,每天2次,连用 3 天。

（6）用强力抗混水，每瓶药加水 25～50 千克，连用 3～5 天。

（7）用强力霉素混料，每千克饲料添加 0.5 克，连用 3～5 天。

（8）用恩诺沙星混料，每千克饲料添加 50 毫克，连喂 3～5 天。

（9）用氟哌酸按 0.01% 浓度混料，连喂 3～5 天。

（10）用菌克星混水，每瓶药加水 25 千克，连用 3～5 天。

三十二、鸡弧菌性肠炎

鸡弧菌性肠炎是由麦氏弧菌引起的雏鸡的一种急性传染病。其主要特征为严重腹泻，粪便呈黄绿色，并混有血液。

【流行特点】　鸡、火鸡、鹅、鸽、山鸡及鸟类均易感染本病。感染途径为消化道，被病禽排泄物污染的饮水、饲料及用具为传染源。

【临床症状】　病雏精神萎靡，头冠淡白，体况消瘦，严重腹泻，粪便呈绿色，并混有血液。

【病理变化】　病鸡剖检可见消化道充血、出血，内含黄绿色液体和少量血液。脾呈灰色，体积缩小。

【鉴别诊断】

（1）鸡弧菌性肠炎与鸡白痢的鉴别：二者均有精神萎靡，羽毛松乱，腹泻，产蛋量下降等临床症状。并均有肝有坏死灶等剖检病变。但二者的区别在于：鸡白痢病的病原为白痢沙门氏菌，主要发生于雏鸡。病雏排白色石灰样稀便，肛门周围被白色粪便污染。用普通肉汤琼脂平板直接分离，根据菌落形态即确定。

（2）鸡弧菌性肠炎与鸡伤寒的鉴别：二者均有精神萎靡，羽毛松乱，两翅下垂，腹泻，产蛋量下降等临床症状。并均有肝有坏死灶等剖检病变。但二者的区别在于：鸡伤寒的病原为伤寒沙门氏菌。病鸡气喘,呼吸困难,生长不良。剖检可见肝呈棕绿色或古铜色,卵子出血、变形、变色,常因卵泡破裂而引起腹膜炎。用病料分离培养鉴定禽伤寒沙门氏菌。

(3)鸡弧菌性肠炎与鸡副伤寒的鉴别:二者均有精神萎靡,羽毛松乱,腹泻,产蛋量下降等临床症状。并均有肝有坏死灶等剖检病变。但二者的区别在于:鸡副伤寒的病原为副伤寒沙门氏菌。病雏偎近热源拥挤,常有结膜炎,目盲,成年鸡一般不显症状,有的出现短期症状(食欲不振、饮水增多、下痢脱水、精神倦怠),大多数恢复迅速,死亡率不超过10%。剖检可见心包有粘连、心包炎、腹膜炎,输卵管增生性病变,卵巢有化脓性坏死病变。用单克隆抗体和核酸探针为基础的检测沙门氏菌诊断盒容易做出诊断。

(4)鸡弧菌性肠炎与鸡弧菌性肝炎的鉴别:二者均由弧菌引起,均有精神萎靡,羽毛松乱,腹泻,产蛋量下降等临床症状。并均有肝有坏死灶等剖检病变。但二者的区别在于:鸡弧菌性肝炎的主要病变在肝脏。肝脏肿胀、充血,表面可见有坏死区,肝脏也可能有许多出血点而呈现斑驳状。由于肝脏膜囊下红血细胞聚集而引起了泡沫状的病变,导致大量出血,以致造成死亡。泡沫状的囊可破裂,使血液流到腹腔内。受侵害的肝脏呈黄褐色,其表面隆起,呈菜花状。此外,在肝脏内部也可充满黏性的脓状物。而鸡弧菌性肠炎的主要病变在肠道,肠道充血、出血,内含黄绿色液体和少量血液。

【防治措施】

(1)预防本病的重要措施是加强鸡舍的环境卫生,经常进行鸡舍环境消毒,严格控制病鸡粪便污染环境,切断传染途径。

(2)用痢特灵按0.04%浓度混料,连喂3~5天;预防时剂量减半。

(3)用金霉素按0.05%浓度混料,连喂3天。

(4)用土霉素按0.1%浓度混料,连喂3天。

（5）用氟派酸按 0.01% 浓度混料，连喂 3 ~ 5 天。

（6）用恩诺沙星混料，每千克饲料添加 50 毫克，连喂 3 ~ 5 天。

三十三、鸡传染性滑膜炎

鸡传染性滑膜炎又称鸡滑液囊支原体病，是由滑霉形体引起的一种传染病。其主要特征为病鸡关节肿大，滑液囊和肌腱鞘发炎。鸡群中一旦感染本病，不易彻底清除，且易混合感染其他疾病，使病情复杂化。

【流行特点】　本病主要发生于鸡和火鸡。鸡急性发病大多在 9 ~ 12 周龄，同群鸡发病率一般为 5% ~ 15%，死亡率 1% ~ 10%，另外有些病鸡因下肢残废被淘汰。成年鸡也有时发病，表现为慢性感染。

本病可通过直接接触和经蛋传播，也可通过污染的空气及饲料经呼吸道、消化道传播。母鸡感染后所产的蛋中就存在支原体，随孵化过程而大量增殖，并引起鸡胚死亡，或孵出不能脱壳的雏鸡，此种带有支原体的幼雏，可成为传染源。

【临床症状】　本病自然感染的潜伏期比较长，通常为 11 ~ 21 天。病鸡最初表现羽毛松乱，失去光泽，腹泻物常呈硫磺色，粪便内还含有多量白粉状物质，采食减少，饲料消耗量下降。随着病情发展，跗关节和趾踵部肿大，跗关节红肿，可达鸽蛋大，出现跛行，行走时呈八字步。病重较久的关节变形，甚至不能行走，卧地不起，嗜睡。病重时可波及其他关节，如翅关节、胯关节等多处出现肿胀。有些病例可引起胸部囊肿，有时囊肿破裂而在胸部羽毛处形成污垢。有些病例出现呼吸道症状，呼吸困难，呼吸时有啰音。

成鸡发病时，全身症状不明显，仅关节轻微肿胀，体重减轻，产蛋量明显减少。

【鉴别诊断】

（1）鸡传染性滑膜炎与鸡病毒性关节炎的鉴别：二者均有跗关节肿胀，跛行，不愿走动，精神不振，生长受阻等临床症状。并均有跗关节、软骨有溃疡等剖检病变。但二者的区别在于：鸡病毒性关节炎的病原为呼肠孤病毒，多发于 5～7 周龄的雏鸡，一般来说发病部位仅局限于跗关节和趾关节，无明显的全身症状及肝、脾、肾变化，很少直接引起死亡，火鸡不感染。这些可区别于传染性滑膜炎。

（2）鸡传染性滑膜炎与鸡关节炎型葡萄球菌病的鉴别：二者均有跗关节肿胀，跛行，不愿走动，精神不振，生长受阻等临床症状。但二者的区别在于：鸡关节炎型葡萄球菌病的病原为葡萄球菌。病鸡表现腿、趾患部红、肿、热、痛严重，呈急性炎症，这些有别于传染性滑膜炎。

（3）鸡传染性滑膜炎与鸡烟酸缺乏症的鉴别：二者均有羽毛松乱，生长缓慢，关节炎，下痢等临床症状。但二者的区别在于：鸡烟酸缺乏症的病因是鸡日粮中烟酸缺乏所致。病鸡羽毛稀少，皮肤发炎，有化脓结节，腿弯曲，骨粗短，雏鸡口膜发炎。跗关节初轻度肿胀，有针尖大出血点，后期变平，跗关节弯曲成弓。剖检可见肝肿大、色黄、质脆、有出血点，有的破裂，腹腔有凝血块。

（4）鸡传染性滑膜炎与鸡钙磷缺乏或比例失调的鉴别：二者均有跗关节肿大，不能站立，跛行，产蛋量下降等临床症状。但二者的区别在于：鸡钙磷缺乏或比例失调症的病因是鸡日粮中钙磷缺乏或比例失调。病雏喙爪较易弯曲，肋骨末端有串珠状结节，成年鸡产薄壳蛋、软壳蛋，后期胸骨呈"S"形弯曲。剖检可见骨薄易折，关节软骨肿胀，有时缺损。

（5）鸡传染性滑膜炎与鸡痛风的鉴别：二者均有关节肿胀，跛行，冠苍白，消瘦，贫血等临床症状。但二者的区别在于：鸡痛风的病因是鸡日粮中蛋白质过量引起的尿酸血症。病鸡关节的肿胀初软而痛,后变硬并在皮下发生豌豆、蚕豆大结节。剖检可见胸膜及内脏表面有薄膜尿酸盐,关节内也有尿酸盐结晶。

【防治措施】　其药物治疗可参见"鸡慢性呼吸道病"有关部分。

由于本病能经种蛋传播,对种鸡最好也进行血清学检查,方法与慢性呼吸道病的血清学检查相同,并可以使用慢性呼吸道病诊断液,但滑膜霉形体诊断液不能用于检查慢性呼吸道病。

三十四、鸡疏螺旋体病

鸡疏螺旋体病是由鸡疏螺旋体引起的一种急性败血性传染病,其主要特征为病鸡高热、贫血、黄疸、肝脏肿大及内脏出血。

【流行特点】　本病多见于热带和亚热带蜱繁殖地区,多呈跳跃式流行,每年的6~7月份前后多发。

本病由蜱和吸血昆虫叮咬传播,蜱还可通过卵将本菌垂直传递给后代。鸡螨和鸡虱则能机械传播。除鸡外,火鸡、鹅、鸭、麻雀和乌鸦等均有自然感染性。病鸡康复后具有免疫力,其子代获得的被动免疫力可持续数周。不同日龄的鸡均易感,老龄鸡有较强的抵抗力。饲料中缺乏维生素的幼龄鸡多易患病,死亡率也高。

【临床症状】　本病潜伏期为5~9天。感染鸡表现突然发病,体温升高至43℃以上,精神沉郁,羽毛松乱,呆立,头下垂,闭目嗜睡。食欲不振或废绝,渴欲增加,排出带有浆液性包层的绿色粪便,粪便中有白色块状物。鸡冠在病初保持红润,后期出现贫血和黄疸,或苍白松弛。

本病按其病程发展和临床症状可分为急性型、亚急性型和一过型。

(1)急性型:病的来势凶猛,在体温升高的同时血液中出现多量螺旋体,体温下降则虫体减少或消失,随病程(3~5天)的发展可出现腹泻而突然死亡。

（2）亚急性型：此型病鸡最为多见，体温呈弛张热，随体温升高，血液中连续数日出现螺旋体。病程可持续2周以上，不予治疗死亡率也比较高。

（3）一过型：此型病鸡比较少见，在轻微出现上述症状后1～2天，体温下降，血液内螺旋体消失，病情好转，不予治疗可自行痊愈。

【病理变化】 急性病鸡内脏器官出血、黄疸，血液稀薄呈咖啡色。脾脏肿大，因瘀斑性出血而呈斑点状，切面呈"槟榔"样外观。肝肿大，表面有出血点和白色坏死点。肾脏肿大苍白，肠道可见卡他性或坏死性肠炎变化。亚急性病鸡变化与之相似，但肝、脾损害不如上述变化显著和典型。

【鉴别诊断】

（1）鸡疏螺旋体病与鸡衣原体病的鉴别：二者均有精神不振，减食或废食，体温高，下痢，排浆性绿色便，贫血等临床症状。并均有肾肿大，肝肿大有出血点和坏死点等剖检病变。但二者的区别在于：鸡衣原体病的病原为衣原体。病鸡髯、眼睑、下颌水肿。眼、鼻有浆性、黏性分泌物。头部皮下胶样浸润，眶下窦有干酪样物，鼻腔黏膜出血、有多量黏液。腹腔内有红色液体，心包气囊有纤维素渗出物。用肝、脾、心包、心肌压片姬姆萨氏染色衣原体呈紫色。

（2）鸡疏螺旋体病与鸡溃疡性肠炎的鉴别：二者均有精神不振，减食，下痢，黏液呈绿色等临床症状。并均有肝有坏死灶，脾有瘀血等剖检病变。但二者的区别在于：鸡溃疡性肠炎的病原为肠道梭菌。病鸡粪便呈绿色或淡红色，有特殊恶臭气味。剖检可见肝肿大呈砖红色或紫褐色，表面和周喙有粟粒至黄豆大灰白、黄色或色泽不一的坏死灶，十二指肠黏膜发黑有出血，盲肠黏膜有出血，有粟粒大突起、中央凹陷并有干酪样物坏死灶，用病例涂片镜检可见菌体。

【防治措施】　为预防本病,在流行地区需实行防蚊、灭蜱及消灭鸡螨和鸡虱等措施。对新引进的鸡群应做好检疫。加强饲养管理,在饲料中补充足量的多种维生素,可增强鸡的抵抗力。

采集感染鸡的血液、器官悬液或感染的鸡胚材料,以 1% 福尔马林或 1% 的石炭酸在 50 ℃下处理 30 分钟,制成灭活菌苗,肌肉或皮下注射接种,能产生良好的持久免疫力。

对病鸡应用各种抗生素、新肿凡纳明(九一四)等药物治疗,均有疗效。据报道,用硫酸链霉素肌内注射,4 月龄以内的鸡用 30 ~ 50 毫克,成年鸡 100 毫克,每天 2 次,经 2 ~ 4 天治疗可痊愈。

三十五、鸡肉毒梭菌中毒

鸡肉毒梭菌中毒是肉毒梭菌的毒素引起的一种食物中毒性疾病,其特征是病鸡肌肉麻痹并迅速死亡。肉毒梭菌中毒在禽类、畜类以及人类中均可发生。

【流行特点】　肉毒梭菌是一种厌气性革兰氏阳性有芽孢的大杆菌,广泛存在于土壤中,在正常动物的消化道内也可分离到。病禽、病畜死亡时,消化道内的肉毒梭菌可能侵入肌肉,在无氧情况下生长繁殖并产生毒素。毒素可以在蝇蛆的体内和体表聚积,鸡及其他禽类食入引起中毒。肉毒梭菌也可以在死鱼、烂虾、腐败饲料中产生毒素。

本病各种年龄的禽均可发生,常发生于鸡、锦鸡和野鸭,多流行于夏秋季节、除秃鹫以外,大多数鸟类是易感的。在垫草中,某些甲虫已被检测到肉毒梭菌毒素,可能是某些肉用仔鸡场反复发生的缘故。

【临床症状】　本病潜伏期长短不一,主要取决于食入毒素的数量,一般由采食到症状出现需 1 ~ 3 天,如食入大量毒素,可在几小时之内出现明显的临床症状。病鸡精神萎靡,食欲废绝,羽毛松乱,步态不稳,翅膀拖地,颈肌软弱麻痹,头下垂或把头搁在地上,头颈曲转,严重的病例倒地,头颈伸直,所以又叫"软颈病"(见图2-27)。病后期可见羽毛振颤及羽毛脱落,下痢,死前出现昏迷。

图 2-27　病鸡的软颈症状

【病理变化】　尸体剖检不见特征性变化,一般可见轻度的卡他性肠炎和肠黏膜出血。心包积水,心肌出血。肝、脾、肾充血,脑组织出血。嗉囊和胃内有不消化的食物和腐败物。

【鉴别诊断】

(1)鸡肉毒梭菌中毒与鸡李氏杆菌病的鉴别:二者均多为群发,均有突然发病,精神萎靡,羽毛松乱,翅膀下垂,腿软无力,腹泻等临床症状。并均有肠道出血等剖检病变。但二者的区别在于:鸡李氏杆菌病的病原为鸡李氏杆菌。病鸡冠髯发绀,脱水,皮肤暗紫,倒地侧卧、腿划动,或盲目乱闯、尖叫,头颈弯曲,仰头,阵发性痉挛。剖检可见脑膜血管充血。肝肿大、呈土黄色、有紫色瘀血斑和白色坏死点、质脆易碎。脾肿大、呈黑红色。血液病料涂片、革兰氏染色可见排列"V"状的阳性小杆菌。

(2)鸡肉毒梭菌中毒与鸡食盐中毒的鉴别:二者均有两肢无力,麻痹,腹泻,最后心衰死亡等临床症状。并均有肠道充血、出血等剖检病变。但二者的区别在于:鸡食盐中毒的病因是吃咸鱼粉或日粮中食盐过多而发病。病鸡无食欲,饮欲增加,口鼻流出大量黏液,嗉囊扩张。剖检可见脑膜血管充血、扩张,心包积液,肝瘀血、有出血斑,皮下组织水肿。用硝酸银滴定嗉囊内容物可测知食盐含量。

（3）鸡肉毒梭菌中毒与鸡黄曲霉毒素中毒的鉴别：二者均有精神不振，打瞌睡，毛松乱，翅下垂，懒动等临床症状。并均有肠充血、出血等剖检病变。但二者的区别在于：鸡黄曲霉毒素中毒的病因是鸡吃了黄曲霉毒素污染的饲料而发病。病鸡共济失调，跛行。颈肌痉挛，角弓反张，鸡冠苍白，稀粪含血。剖检可见肝肿大、呈橘黄或土黄色，呈弥漫性出血和坏死。胆囊肿大、臂增厚（胆囊上皮增生）。脾肿大、呈淡黄或灰黄色。腺胃、肌胃有出血。心脏色变白，肾肿大、苍白。卵巢卵泡膜增厚、呈紫红或黄绿色，内容物呈油脂样或干酪样。将所用饲料用紫外线照射观察荧光，G 族毒素为亮黄绿色荧光，如为 B 族毒素可见到蓝紫色荧光。

【防治措施】　注意不喂腐败性饲料，死亡的动物尸体应焚烧、深埋，有条件的可用肉毒梭菌抗毒剂治疗。也可应用泻剂，加速毒素排出。另外，据介绍，用焦四仙 200 克、苍术 75 克、砂仁 35 克、青皮 35 克、枳壳 40 克、皂角 40 克、（500 只 50 日龄鸡的量），加水 1.5 千克，煎之灌服，有很高疗效。

三十六、鸡冠癣

鸡冠癣是由鸡头癣菌引起的一种慢性皮肤霉菌病，又称头癣或黄癣。其特征是病鸡头部无羽毛部位，特别是鸡冠上形成黄白色、鳞片状的癣痂。严重病例，病变也可扩展到有羽毛处。

【流行特点】　本病主要发生于鸡，体型大的品种易感，鸡冠初长成的青年鸡易感。其他禽、畜和人也偶尔感染。

本病多发于夏、秋高温多雨季节，传播途径主要经皮肤伤口，如蚊虫咬伤或擦伤而传染。鸡只接触也可相互传染。鸡群密度过大、拥挤和环境卫生不良，更易促使本病的发生和传播。

【临床症状及病理变化】　病初在鸡冠上形成灰白色圆形斑

点,这些小白点的表面脱落,好像冠上撒一层面粉样的鳞屑。随着病程的发展,鳞屑状沉淀物变厚,形成表面皱缩的痂皮。病变可逐渐扩大到整个冠部、肉髯、眼睑及耳部、头部,甚至体表有毛部的皮肤,致使羽毛成片脱落,皮肤增厚并覆盖鳞屑和痂皮。病鸡由于皮肤痛痒而表现不安,精神萎靡,瘦弱,贫血,黄疸,母鸡蛋量下降。严重病例病原菌可引起上呼吸道和消化道黏膜的点状坏死、小结节和黄色干酪样沉淀物。偶见肺脏及支气管发生炎症病变。

【鉴别诊断】

(1)鸡冠癣与鸡痘(皮肤型)的鉴别:二者均有精神萎靡,贫血,鸡冠有斑点等临床症状。但二者的区别在于:鸡痘的病原是鸡痘病毒。病鸡病初在冠、髯、口角眼睑、腿等处,出现红色隆起的圆斑,逐渐变为痘疹初呈灰色,后为黄灰色。经1~2天后形成痂皮,然后周围出现瘢痕,有的不易愈合。眼睑发生痘疹时,由于皮肤增厚,使眼睛完全闭全。剖检可见肠黏膜可出现小点状出血,肝、脾、肾常肿大,心肌有时呈实质变性。

(2)鸡冠癣与鸡泛酸缺乏症的鉴别:二者均有精神不振,食欲减退,羽毛生长不良等临床症状。但二者的区别在于:鸡泛酸缺乏症的病因是由于日粮中缺乏泛酸所致。病鸡瘦弱,口角、眼睑和肛门处形成局限性小痂块,眼睑常常由于黏液性渗出物黏着发生感染,影响视力。有的病鸡头部、趾间和脚底皮肤发炎,头部羽毛脱落。有的腿部皮肤增厚和角化,生长发育,发生脱腱病而死亡。剖检可见口腔内有脓性物质,腺胃有灰白色渗出物。肝脏暗黄色、肿大,有的肾脏轻度肿大,脾有些萎缩,脊髓神经变质。

(3)鸡冠癣与鸡螨虫病的鉴别:二者均有精神不振,食欲减退,羽毛生长不良,不安,瘦弱,贫血,黄疸等临床症,但鸡螨虫病用放大镜观察鸡体,可发现鸡螨。

【防治措施】　本病的预防措施主要是严防病鸡传入,平时应加强饲养管理,避免鸡群过于拥挤,保持鸡舍的清洁卫生、通风干燥。发现病鸡应严格检查及时隔离,重症病鸡立即淘汰,轻症病例应在隔离条件下治疗,通常可涂擦碘酊或碘甘油或 5% 石炭酸溶液、福尔马林软膏(福尔马林 1 份、凡士林溶在瓶内,加入福尔马林后盖紧塞充分振荡,直至凡士林凝固为止)。上述药物均有疗效,一般于患部涂擦 1~2 次即愈。

第三章　鸡寄生虫病的鉴别诊断与防治

一、鸡球虫病

【流行特点】　球虫属原生动物,虫体小,肉眼看不见,只能借助显微镜观察。一般认为,寄生于鸡肠道内的球虫9种,均属于艾美耳属,包括:寄生于盲肠的柔嫩(或脆弱)艾美耳球虫;寄生于小肠中段的毒害艾美耳球虫和巨型艾美耳球虫;寄生于小肠前段的堆型艾美耳球虫、哈氏艾美耳球虫、变位艾美耳球虫、和缓艾美耳球虫及早熟艾美耳球虫;寄生于小肠后段、直肠和盲肠近端部的布氏艾美耳球虫。其中,以柔嫩艾美耳球虫和毒害艾美耳球虫致病性最强。球虫生活史包括3个发育阶段,即在宿主体内进行的裂体增殖阶段和配子生殖阶段及在外界环境中完成的孢子增殖阶段。在鸡粪中见到的球虫叫卵囊,是球虫的一个发育阶段。卵囊在适宜的温度、湿度条件下,进行孢子增殖,形成含有4个孢子囊,每个孢子囊内含有两个子孢子的感染性卵囊。鸡吞食了这样的卵囊便被感染。在肌胃内卵囊壁被破坏,孢子囊脱出,然后进入小肠,在胆汁和胰蛋白酶的作用下,子孢子游离出来侵入肠上皮细胞进行裂体增殖。裂体增殖进行若干世代后,开始进行有性配子生殖,大、小配子结合为合子,合子的外壁增厚成为卵囊,随粪便排出体外。

　　球虫有严格的宿主特异性,鸡、火鸡、鸭、鹅等家禽都能发生球虫病但各由不同的球虫引起,不相互传染。

11 日龄以内的雏鸡由于有母源免疫力的保护,很少发生球虫病。4～6 周龄最易发急性球虫病,以后随着日龄增长,鸡对球虫的易感性有所降低(日龄免疫),同时也从明显或不明显的感染中积累了免疫(感染免疫)发病率便逐渐下降,症状也较轻。成年鸡如果从未感染过球虫病,缺乏免疫力,也很容易发病。例如将某些预防球虫病的药物从几日龄连用到开产前,在突然停药后常暴发球虫病。

发病季节主要在温暖多雨的春夏季,秋季较少,冬季很少。肉用仔鸡由于舍内有温暖和比较潮湿的小气候,发病的季节性不如蛋鸡明显。本病的感染途径主要是消化道,只要鸡吃到可致病的孢子卵囊,即可感染球虫病。凡是被病鸡和带虫鸡粪便污染的地面、垫草、房舍、饲料、饮水和一切用具,人的手脚以及携带球虫卵囊的野鸟、甲虫、苍蝇、蚊子等均可成为鸡球虫病的传播者。病鸡痊愈后数月之内,盲肠黏膜里的球虫卵囊仍可存活,因而在相当长的时间内这种带虫鸡仍然是重要的传染源。

由于球虫卵囊能附着在细微的尘土上随风飞散到数公里之外,野鸟、苍蝇、蚊子等也能携带球虫卵囊传播,加之鸡舍门前消毒池对卵囊无效,所以一般农村养鸡场、养鸡户很难避免球虫卵囊的入侵,但采取网上或笼内饲养,鸡接触卵囊较少,感染较轻。

另外,鸡群过分拥挤,卫生条件差,阴热潮湿,饲料搭配不当,缺乏维生素 A、K 等,均可促使球虫病的发生。

【临床症状及病理变化】 由于多种球虫寄生部位和毒力不同,对鸡肠道损害程度有一定差异,因而临床上出现不同的球虫病型。

(1)急性盲肠球虫病:由柔嫩艾美耳球虫引起,雏鸡易感,是雏鸡和低龄青年鸡最常见的球虫病。鸡感染(吃进卵囊)后第 3天,盲肠粪便变为淡黄色水样,量减少(正常盲肠粪便为土黄色糊状,俗称溏鸡粪,多在早晨排出),第 4 天起盲肠排空无粪。第 4 天末至第 6 天盲肠大量出血,病鸡排出带有鲜血的粪便,明显贫血,精神呆滞,缩头闭眼打盹,很少采食,出现死亡高峰。第七天盲肠出血和便血减少,第8天基本停止,此后精神、食欲逐渐好转。剖检可见的病变主要在盲肠。第5～6天盲肠内充满血液,盲肠显著肿胀,浆膜面变成棕红色(见图3-1)。第6～7天盲肠内除血液外还有血凝块及豆渣样坏死物质,同时盲肠硬化、变脆。第8～10天盲肠缩短,有时比直肠还短,内容物很少,整个盲肠呈樱红色。重度感染的病死鸡,直肠有灰白色环状坏死。

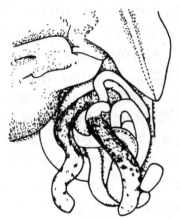

图3-1　病雏的盲肠变粗,严重出血

(2)急性小肠球虫病:本病多见于青年鸡及初产成年鸡,由毒害艾美耳球虫引起。病鸡也是在感染(吃进卵囊)后第4天出现症状:粪便带血色稍暗,并伴有多量黏液,第9～10天出血减少,并渐止,由于受损害的是小肠,对消化吸收机能影响很大并易于继发细菌和病毒性感染。一部分病鸡在出血后1～2天死亡,其余的体质衰弱,不能迅速恢复,出血停止后也有零星死亡,产蛋鸡在感染后5～6周才能恢复到正常产蛋水平,有继发感染的,在出现血便后3～4天(吃进卵囊后7～8天)死亡增多,死亡率高低主要取决于继发感染的轻重及防治措施。剖检可见的变化,主要是小肠缩短、变粗、臌气(吃进卵囊后第6天开始,第10天达高峰),同时整个小肠黏膜呈粉红色,有很多粟粒大的出血点和灰白色坏死灶,肠腔内滞留血液和豆渣样坏死物质。盲肠内也往往充满血液,但不是盲肠出血所致,而是小肠血液流进去的结果。将盲肠用水冲净可见其本质无大变化。其他脏器常因贫血而褪色,肝脏有时呈轻度萎缩。

急性小肠球虫病发病期死亡率比急性盲肠球虫病低一些,但病鸡康复缓慢,并常遗留一些失去生产价值的弱鸡,造成很大损失。

(3)慢性球虫病:病原主要是堆型、巨型艾美耳球虫,引起的症状不是大量便血、迅速导致死亡,而是比较持久的消化机能障碍,故称慢性球虫病。病鸡在感染后 4~6 天,小肠前段及中段的黏膜上出现许多点状、线状、环状的灰白色坏死灶,从肠管外面亦可见到:肠壁弹性丧失,黏膜上皮组织脱落,黏膜层变薄。病鸡厌食,大量饮水但仍有脱水症状,排水样稀便,混有未消化的饲料,有时也排细长粪条,而裹有黏液,一般无明显血便。此外,肠壁对胡萝卜素的吸收能力降低,以致维生素 A 缺乏,腿脚和皮肤褪色。所有这些,使病鸡很快消瘦衰弱,体重减轻,恢复比较缓慢。如果感染较重,治疗护理措施未及时跟上,会陆续有一些鸡死亡,累计死亡率也比较高。

(4)混合感染:柔嫩艾美耳球虫与毒害艾美耳球虫同时严重感染,病鸡死亡率可达100%,但这种情况比较少。常见的混合感染是包括柔嫩艾美耳球虫在内的几种球虫轻度感染,病鸡有数天时间粪便带血(呈瘦肉样),造成一定的死亡,然后渐趋康复,3~4周内生长比较缓慢。

【鉴别诊断】

(1)鸡球虫病与鸡传染性贫血的鉴别:二者均有精神萎靡,羽毛松乱,冠髯苍白,拉稀,消瘦,红细胞减少等临床症状。但二者的区别在于:鸡传染性贫血的病原为传染性贫血病毒(CIAV),病鸡喙、皮肤、黏膜贫血。剖检可见肌肉、内脏器官苍白,肝、肾肿大褪色或呈淡黄色,骨髓萎缩(特征),胸腺及全身淋巴组织萎缩。用病料 1：10 稀释后腹腔或肌肉接种 1 日龄 SPF 鸡,每鸡 1 毫升,观察典型症状和病理变化。

(2)鸡球虫病与鸡包涵体肝炎的鉴别:二者均有精神萎靡,羽毛松乱,冠髯苍白,生长不良等临床症状。但二者的区别在于:鸡包涵体肝炎的病原为腺病毒。剖检可见脾色淡质脆,肝细胞中有嗜酸性或嗜碱性核内包涵体。肝和肌肉有出血斑点,肺充血,气囊呈云雾状混浊。用荧光抗体染色镜检可以获得证实。

(3)鸡球虫病与鸡白血病的鉴别:二者均有精神萎顿,嗜睡,食欲不振,贫血,下痢,进行性消瘦等临床症状。但二者的区别在于:鸡白血病的病原为白血病病毒。一般多发生于 16 周龄的鸡,病鸡腹部膨大,手指直肠检查可探知法氏囊肿大。剖检可见脾肿大 3~4 倍,有大小不同的瘤或樱红色。骨膜增厚,骨髓腔阻塞,用酶联免疫吸附试验(ELISA)可确诊。

(4)鸡球虫病与鸡结核病的鉴别:二者均有精神萎顿,食欲不振,冠髯苍白,贫血,消瘦等临床症状。但二者的区别在于:鸡结核病的病原为结核分枝杆菌。病鸡冠髯变薄,偶尔淡蓝、褪色、黄胆,顽固性腹泻。剖检可见肝肿大、呈灰黄色或黄褐色,有豆粒至鸽卵大小不等的结节,脾肿大 2~3 倍,也有蚕豆大灰色结节。肠有粟粒至豌豆大结节,肠系膜、肺、卵巢、腹壁也有结节,用禽结核素肉髯内接种呈阳性反应。

(5)鸡球虫病与鸡绦虫病的鉴别:二者均有精神萎顿,下痢,消瘦等临床症状。但二者的区别在于:鸡绦虫病的病原为绦虫。病鸡粪中可检到孕卵节片,剖检可在小肠见到虫体。

【防治措施】

(1)使用抗球虫药需注意的问题

①正确诊断,有针对性地用药:各种球虫对不同的抗球虫药的敏感性不同,应及早确定主要致病虫种,以便选用有针对性的抗球虫药。虽然目前的抗球虫药均作用于球虫发育的无性阶段,但各

种抗球虫药的活性高峰期各不相同,了解抗球虫药的活性高峰期对防治球虫病大有帮助。

②根据不同的预防对象合理用药:肉用仔鸡生长周期短,要求在最短时间内,用最少的饲料生产最多鸡肉,所以不可采用让鸡与球虫接触产生自然免疫的办法来防病,以免产生暂时性的生长率和饲料报酬下降,而是要求在整个生长期中持续应用抗球虫药。蛋鸡、种鸡生长周期长,为了安全和经济起见,可考虑建立球虫自然免疫力,即在饲料中加入低于肉用仔鸡用药浓度的抗球虫药,连用 6 ~ 12 周。一般在 14 周龄后停药,目的是使雏鸡经历一次"控制性"球虫感染,使之在不发病、不致死情况下产生足够的免疫力。

③反复换药或变更用药:反复换药(全进全出给药方案)是指在同一批鸡进出中更换抗球虫药;变更用药(调换给药方案)是指在两批鸡进出中更换抗球虫药。这样可以预防球虫抗药性的产生。这里应注意的是更换的药物必须是不同作用方式的药物,即具有不同抗球虫活性高峰期的药物,以免产生交叉抗药性。产生抗药性后,多数情况下并不明显增加死亡率,而是大幅度地降低饲料报酬和生产性能。

④努力减少药物残留:在蛋、肉品中往往残留微量抗球虫药及其代谢产物,长期食用,可能影响人体健康,故国际有关组织对畜产品中抗球虫药及其代谢产物的含量做了限制性规定,并根据用药后不同时间的残留量规定了各种抗球虫药的停药期。

(2)抗球虫药的使用方法

①痢特灵(呋喃唑酮):对柔嫩、毒害、堆型艾美耳球虫有效,可杀灭第二代裂殖体,不影响免疫力的产生。本品效力虽不很强,且毒性较大,但价格低廉,兼可防治细菌性继发性感染,故仍被广泛使用,适宜治疗中度感染。治疗用量,按 0.04% 浓度混料,连用 5 天,必要时停药 2 天后再减半剂量用 5 ~ 7 天。预防用量为治疗量的一半。

②球痢灵(硝苯酰胺):对多种球虫有效,尤其对柔嫩艾美耳

球虫和毒害艾美耳球虫效果最好,但对堆型艾美耳球虫效果稍差。主要作用于第二代裂殖体。该药主要优点为不影响对球虫产生免疫力,并能迅速排出体外,无须停药期。预防用量,按 0.0125% 浓度混料;治疗用量,按 0.025% 浓度混料,连用 3 ~ 5 天。

③氯本胍:对多种鸡球虫有效,对已产生抗药性的虫株也有效,主要抑制第一代裂殖体的发育增殖。该药毒性较小,雏鸡用 6 倍以上治疗量连续饲喂 8 周,生长正常。该药对鸡球虫免疫力形成无影响。该药缺点为连续饲喂可使鸡肉、鸡蛋产生异味,故应在鸡屠宰前 5 ~ 7 天停药。剂量为 33 毫克/千克混料给药,急性球虫病暴发时可用 66 毫克/千克,1 ~ 2 周后改用 33 毫克/千克。

④球虫净(尼卡巴嗪):对柔嫩艾美耳球虫等致病性强的球虫均有较好效果。作用于第二代裂殖体,其杀灭球虫的作用比抑制球虫的作用更为明显。该药优点是不易产生抗药性和不影响球虫产生免疫力。预防剂量为 125 毫克/千克,混入饲料中连续饲喂。产蛋鸡群禁用,肉鸡宰前 4 ~ 7 天停止给药。

⑤克球多(又名氯吡多、氯吡醇、氯甲吡啶酚、氯羟吡啶、可爱丹、康乐安、球定等):对 9 种球虫均有效,尤其对柔嫩艾美耳球虫作用最强。该药主要作用是抑制球虫子孢子发育,因此应在感染前混入饲料内一起投服,否则无效,同时应在整个育雏期间连续投药,一旦中止投药可引起球虫病暴发。预防可按 0.0125%、治疗可按 0.025% 浓度混入饲料中给药,该药安全范围大,长期应用无不良反应。应用 0.025% 浓度拌料时,应在鸡屠宰前 5 天停药;应用 0.0125% 浓度混料时则无须停药。

⑥克球粉:克球粉是一种商品名称,所含化学成分不很统一,这里指的克球粉含氯吡醇 25%,对球虫的作用效果同于克球多。主要用于预防球虫病,高效低毒。其用法为:按 0.025% 浓度混料,从 10 日龄前连续用至 8 ~ 10 周龄,然后减量渐停。用药期间鸡不能获得对球虫的免疫力,要在停药后通过中轻度感染去获得

免疫力。

⑦鸡宝20(德国产):含氯丙嘧吡啶与盐酸呋吗唑酮,突出优点是易于溶于水,在消化道吸收速度快,对很少采食的病鸡尤为有利,本品适用于治疗急性盲肠、小肠球虫病,疗效迅速。其用法为:每50千克饮水加进本品30克,连用5~7天,然后改为每100千克饮水加进本品30克,连用1~2周。

⑧溴氯常山酮(海乐福精,速丹为每千克赋形物质中含6克海乐福精的商品名):对各种鸡球虫均有较好的预防效果。作用于子孢子、第一代裂殖体和第二代裂殖体,主要为杀灭作用。预防剂量为每吨饲料中加入0.5千克速丹。在肉品中无残留。

⑨磺胺类药:主要作用于第二代裂殖体,对第一代裂殖体亦有一定作用。因此,当鸡群中开始了球虫病症状时,使用磺胺类药往往有效,尤其配合应用适量维生素K及维生素A更有助于鸡群康复。但由于磺胺类药长期连续应用具有毒性和产生抗药性,故少用于预防而多用于治疗。磺胺二甲氧嘧啶按0.05%浓度混水或按0.2%浓度拌料,连用6天;磺胺间甲氧嘧啶按0.1%~0.2%浓度混水或拌料,连用3天;磺胺吡嗪按0.03%浓度混水,连用3天。这些药物能有效地控制暴发性球虫病。磺胺类药物应在鸡宰前有2天以上休药期。

⑩盐霉素(优素精,为每千克赋形物质中含100克盐霉素钠的商品名):对各种球虫均有效,对已产生抗药性的虫株也有效,药效高峰期在感染后32~72小时,可杀灭子孢子及第一代裂殖体,随后对第二代裂殖体也有一定杀灭力。长期连续使用对预防球虫病有良好效果,并可促进鸡的生长发育,如在发病时用于治疗,则效果有限。其用法为:从10日龄之前开始,每吨饲料加进本品60~100克(优素精为600~1000克),连续用至8~10周龄,然后减半用量,再用2周。本品的缺点,是使鸡不能产生对球虫的免疫力,因而要逐渐停药,停药后要通过中轻度感染去获得免疫力。

⑪莫能霉素:作用、用法、用量均与盐霉素相同。有些研究表明,每吨饲料所加莫能霉素不超过 100 克,鸡吃进球虫卵囊还能产生一定的免疫力(毒害艾美耳球虫除外),用药量越少,越能产生较高的免疫力。一般以每吨饲料添加 60～80 克为好,添加到 125 克就影响免疫力的产生,200 克则有损鸡的健康。本品在消化道的吸收率很低,故肉、蛋中残留药很少。

⑫土霉素:对柔嫩艾美耳球虫和毒害艾美耳球虫有一定防治作用,主要杀灭第二代裂殖体,对子孢子及第一代裂殖体也有效,不影响免疫力。治疗量为:按 0.2% 浓度混料,连用 5～7 天;预防量为:按 0.1% 浓度混料,连用 10～15 天。用药期间饲料中要有充足的钙,以免影响药效。

⑬青霉素:鸡群发生球虫病后,可立即用青霉素按每只鸡 1～2 万单位饮水,每天 2 次,连用 3 天。每次饮水量不要过多,以 1～2 小时内饮完为宜。对重症鸡可采取肌内注射青霉素,效果显著。

⑭中药治疗:用大黄 5 克、黄芩 15 克、黄连 4 克、黄柏 6 克、甘草 8 克,研成碎末,每只鸡每日 4 克,分两次喂给,连喂 2～3 天,如仍未痊愈可连续服用。也可用常山、柴胡各 500 克,水煎后饮水或拌料均可(1 000 只雏鸡量),每天 1 剂,连用 2 天后必须停药 3～5 天,然后再给药 2 天。

(3)卫生、消毒措施:对球鸡虫病要重视卫生预防,雏鸡最好在网上饲养,使其很少与粪便接触,地面平养的要天天打扫鸡粪,使大部分卵囊在成熟之前被扫除,并保持运动场地干燥,以抑制球虫卵的发育。球虫卵的抵抗力很强,常用的消毒剂杀灭卵囊的效果极弱。因此,鸡粪堆放要远离鸡舍,采用聚乙烯薄膜覆盖鸡粪,这样可利用堆肥发酵产生的热和氨气,杀死鸡粪中的卵囊。

(4)药物预防措施的实施:在生产中,可根据实际情况,采取以下三种方案。

①从 10 日龄之前开始,到 8～10 周龄,连续给予预防药物,可

选用盐霉素、莫能霉素、球虫净、克球粉等,防止这段低日龄时期发病死亡,然后停药,让鸡再经过两个月的中轻度自然感染,获得免疫力,进入产蛋期。这是目前一种比较好的,也是被广泛采用的方案。在实施中需要注意三个问题:第一是用药剂量不要过大,不要总想将球虫病"防绝",有一些轻微的感染,出现轻微的便血现象,对生长发育没有多大影响,却可以获得免疫力,有利于停药后的安全。第二是停药不能太晚,一般不宜超过 10 周龄,必须使鸡在开产前有两个月的时间通过自然感染获得免疫力,避免开产后再受球虫病侵扰。第三是由于选用的药物及剂量不同,用药期间可能安全不产生免疫力,也可能产生一定的免疫力,但总的来说,骤然停药后有暴发球虫病可能性。为此应逐渐停药,可减半剂量用 2 周作过渡,同时要准备好效力较高的药物如鸡宝 20、盐霉素等,以便必要时立即治疗。中度感染也可以用复方敌菌净、痢特灵、土霉素等治疗,还可以用这些药物作短期预防,轻微便血则不必治疗。总之,即要维护鸡群不受大的损失,又要获得免疫力。

②不长期使用专门预防球虫病的药物。雏鸡在 3～4 周龄之内,选用痢特灵、土霉素等药物预防白痢病,同时也预防了球虫病。此后不用药而注意观察鸡群,出现轻微球虫病症状不必用药,症状稍重时影响免疫力的产生。经过一段时期,鸡群从自然感染中积累了足够免疫力,球虫病即消失。这一方法如能掌握得好,也是可取的,但准备一些高效治疗药物,预防万一暴发球虫病可进行抢治。

③对鸡终身给予预防药物。一般来说,这种方法主要适用于肉用仔鸡,因为蛋鸡采用这种方法药费过高,将增加生产成本。

④人工免疫:目前,人工免疫的研究已经取得一定成果。其方法是用致弱卵囊经口腔滴服,使鸡通过轻微感染而获得免疫力。9种球虫不能交叉免疫,口服一种卵囊只能预防一种球虫。需要预防的主要球虫有 4～5 种,其卵囊不能同时混服,否则由于相互制

约,有些虫种不能充分增殖,起不到免疫作用。单独对危害最大的柔嫩艾美耳球虫作人工免疫,需要口服卵囊3次。由于人工免疫相当费事,所以生产中还很少应用。

二、鸡蛔虫病

鸡蛔虫病分布很广,常引起雏鸡生长发育不良,甚至造成大批死亡。

【流行特点】 鸡蛔虫是鸡体内最大的线虫,寄生于小肠中(见图3-2),虫体黄白色,表面有横纹。雌虫在鸡小肠内产卵后,卵随粪便排出体外,在外界适宜条件下发育成内含幼虫的感染性卵。鸡采食被感染卵污染的饲料、饮水等而遭感染,感染卵在腺胃、肌胃中释放出幼虫,幼虫先在十二指肠和肠腔内生活9天左右,然后钻进肠黏膜内蜕皮,在此期间可引起肠黏膜出血和发炎,并继发致病菌感染。幼虫在肠黏膜内寄生8~9天又回到肠腔,分布到小肠各段,发育成熟,交配产卵。

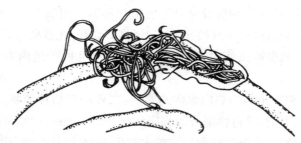

图3-2 鸡小肠内的蛔虫

虫卵对环境因素抵抗相当强,在潮湿无阳光直射处可存活很长时间,寒冷季节经3个月冻结虫卵仍不死亡。但在直射阳光下或经沸水处理和粪便堆沤等可迅速死亡。

本病2~3月龄鸡多发,5~6月龄鸡有较强的抵抗力,1年以上的鸡多为带虫者。饲料中动物性蛋白质过少,维生素 A 和各种维生素 B 缺乏,以及赖氨酸和钙不足等,使鸡的易感性增强。

【临床症状及病理变化】 鸡的肠道内有少量蛔虫寄生时看不出明显症状。雏鸡和 3 月龄以下的青年鸡被寄生时,蛔虫的数量往往较多,初期症状也不明显,随后逐渐表现精神不振,食欲减退,羽毛松乱,翅膀下垂,冠髯、可视黏膜及腿脚苍白,生长滞缓,消瘦衰弱,下痢和便秘交替出现,有时粪便中混有带血的黏液。成年鸡一般不呈现症状,严重感染时出现腹泻,贫血和产蛋量减少。

剖检常见病尸明显贫血,消瘦,肠黏膜充血,肿胀,发炎和出血;局部组织增生,蛔虫大量突出部位可用手摸到明显硬固的内容物堵塞肠管,剪开肠壁可见有多量蛔虫拧集在一起呈绳状。

【鉴别诊断】

(1)鸡蛔虫病与鸡传染性贫血的鉴别:二者均有精神萎靡,羽毛松乱,冠髯苍白,拉稀,消瘦等临床症状。但二者的区别在于:鸡传染性贫血的病原为传染性贫血病毒(CIAV),病鸡喙、皮肤、黏膜贫血。剖检可见肌肉、内脏器官苍白,肝、肾肿大褪色或呈淡黄色,骨髓萎缩(特征),胸腺及全身淋巴组织萎缩。用病料 1: 10 稀释后腹腔或肌肉接种 1 日龄 SPF 鸡,每鸡 1 毫升,观察典型症状和病理变化。鸡患蛔虫病时,若症状明显,剖检可见肠道内有大量蛔虫。

(2)鸡蛔虫病与鸡白血病的鉴别:二者均有精神萎顿,食欲不振,贫血,下痢,进行性消瘦等临床症状。但二者的区别在于:鸡白血病的病原为白血病病毒。一般多发生于 16 周龄的鸡,病鸡腹部膨大,手指直肠检查可探知法氏囊肿大。剖检可见脾肿大 3～4 倍,有大小不同的瘤或樱红色。骨膜增厚,骨髓腔阻塞,用酶联免疫吸附试验(ELISA)可确诊。鸡患蛔虫病时,若症状明显,剖检可见肠道内有大量蛔虫。

(3)鸡蛔虫病与鸡营养性衰竭症的鉴别:二者均有精神萎顿,

贫血,进行性消瘦等临床症状。但二者的区别在于:鸡营养性衰竭症的病因是日粮中营养缺乏所致,重病鸡爪趾蜷缩,站立不稳,常以尾部着地支撑。后期不会走路,两腿向两侧叉开,最后以全身衰竭而死亡。剖检可见皮下、肌间、腹膜下和肠系膜等处的脂肪全部消耗。全身肌肉严重萎缩、变薄,缺乏弹性,色泽变淡,个别胸部肌肉有血斑。心肌菲薄,色淡,极脆弱,个别心肌出血。肝脏体积缩小,韧性增强,边缘锐薄。鸡患蛔虫病时,若症状明显,剖检可见肠道内有大量蛔虫。

【防治措施】　实施全进全出制,鸡舍及运动场地面认真清理消毒,并定期铲除表土;改善卫生环境,粪便应进行堆积发酵;料槽及水槽最好定期用沸水消毒;4月龄以内的幼鸡应与成年鸡分群饲养,防止带虫的成年鸡使幼鸡感染发病;采用笼养或网上饲养,使鸡与粪便隔离,减少感染机会;对污染场地上饲养的鸡群应定期进行驱虫,一般每年两次,第一次驱虫是在雏鸡2~3月龄时,第二次驱虫在秋末;成年鸡和第一次驱虫可在10~11月份,第二次驱虫在春季产卵季节前的一个月进行。驱虫药可选用以下几种:

(1)驱虫灵:每千克体重0.25克,混料一次内服。

(2)驱虫净:每千克体重40~60毫克,混料一次内服。

(3)左旋咪唑:每千克体重10~20毫克,溶于水中内服。

(4)丙硫苯咪唑:每千克体重10毫克,混料一次内服。

(5)氟甲苯咪唑:以30毫克/千克混入饲料,连喂7天。

(6)每只鸡用南瓜籽20克,焙焦研末,混料内服,一次即愈。

(7)汽油:每千克体重2~3毫升,用注射器接上细橡皮管经口灌入嗉囊,灌前停食半天。为了方便,也可将鸡喂至半饱,能摸准嗉囊时,用细针头将汽油注入。此法只适用于鸡蛔虫病。

三、鸡组织滴虫病

鸡组织滴虫病又称传染性盲肠肝炎或黑头病。

【流行特点】 组织滴虫寄生于鸡的盲肠和肝脏。其形状有两种,一种是寄生在细胞内的,呈圆形、卵圆形,没有鞭毛;另一种寄生盲肠内,呈不规则形,有一根鞭毛,能做钟摆状运动。

组织滴虫在鸡体内以二分裂方式繁殖,一部分虫体随粪便排出,污染饲料、饮水和土壤,鸡通过消化道感染。由于虫体非常嫩弱,对外界环境抵抗力很差,不能长时间存活,所以鸡直接吃进虫体引起发病的情况很少。如病鸡寄生组织滴虫的同时有异刺线虫寄生时,组织滴虫可侵入异刺线虫体内,并传入其卵内,随异刺线虫卵一起排到外界,由于得到了卵壳的保护而生存较长时间,成为本病的主要传染源。

本病除鸡、火鸡外,珍珠鸡、鹌鹑等多种禽都能感染,但症状轻重不同。鸡在2周龄至3月龄发病率较高,以后渐低。康复后带虫、排虫持续数周至数月。成年鸡感染时一般不表现明显症状,但粪便含虫体,成为传染源。

本病多发在春末至初秋的暖热季节。卫生良好的鸡场很少发生本病。反之,鸡舍和运动场污秽、潮湿、阴暗,堆放砖瓦杂物、隐藏蚯蚓小虫,以及鸡群拥挤、营养不良、维生素缺乏,均易引起本病。

【临床症状】 本病的潜伏期为8～21天,若鸡吃进的是裸露的组织滴虫,则发病较快,潜伏期有时仅3～4天。病初症状不明显,逐渐精神不振,行动呆滞,羽毛松乱,翅下垂,蜷体缩颈(见图3-3),食欲减退,排淡黄、淡绿色稀便,继而粪便带血,严重时排出大量鲜血,有的粪便中可发现盲肠坏死组织的碎片,在出现血便后,病鸡全身症状加重。食量骤减,贫血,消瘦,陆续发生死亡。病的后期由于血液循环障碍,有些病鸡面部皮肤(特别是火鸡)变成紫蓝色或黑色,故称为"黑头病"。临死前常常出现长期的痉挛。病程1~3周,如果及时治疗可较快停止死亡,转向康复。死亡率一般不超过30%。

图3-3 病鸡精神萎靡,羽毛松乱,缩颈,嗜眠

【病理变化】 剖检病变主要在盲肠和肝脏。病鸡一侧或两侧盲肠肿大,外观似腊肠样,内充满干燥、坚硬、干酪样的凝固栓子,剥离时肠壁只剩下菲薄的浆膜层,黏膜层、肌层均遭破坏,有的病例可见盲肠黏膜出血、增厚及溃疡。肝脏肿大,质脆、表面有大小不一、圆形或不规则形、黄绿色或暗红色的坏死灶,有时散在,有时密布于肝脏表面(见图3-4)。坏死灶中央下陷,边缘突起。

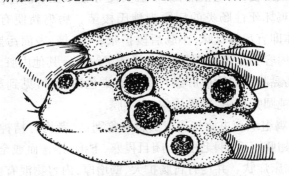

图3-4 病鸡肝脏有圆形暗红色的坏死灶

症状较轻的病例,盲肠病变还没有达到上述程度,主要是黏膜

有出血性炎症,肠腔内充满血液,在此时或早些时进行治疗,可能收到较好的疗效。

【鉴别诊断】

(1)鸡组织滴虫病与鸡大肠杆菌病(败血型)的鉴别:二者均有精神不振,减食畏寒,羽毛松乱,腹泻、粪淡黄色有时带血等临床症状。但二者的区别在于:鸡大肠杆菌病的病原为大肠杆菌。病鸡腹泻剧烈,口渴。剖检可见心包、肝表面、腹腔流满纤维素渗出物。分离病原接种于伊红美蓝培养基上,大多数菌落呈特征性黑色。

(2)鸡组织滴虫病与鸡亚利桑那菌病的鉴别:二者均有精神沉郁,减食,羽毛松乱,翅膀下垂,下痢、粪黄绿色有时带血等临床症状。并均有腹膜炎(盲肠穿孔时),盲肠有干酪样肠芯等剖检病变。但二者的区别在于:鸡亚利桑那菌病的病原为亚利桑那菌。病鸡头低向一侧旋转如观星状,步样失调,一侧或两侧结膜炎、角膜混浊。剖检可见腹膜炎,肝肿大2~3倍、发炎、有淡黄斑点,胆囊肿大1~5倍,分离培养亚利桑那菌有其特性。

(3)鸡组织滴虫病与鸡坏死性肠炎的鉴别:二者均有精神沉郁,减食或废食,羽毛粗乱,排含血粪便等临床症状。但二者的区别在于:鸡坏死性肠炎的病原为魏氏梭菌。病鸡粪便有时发黑。剖开尸体即有尸腐臭味,小肠后段扩张2~3倍,表面污黑或污黑绿色,肠内容物呈液状、有泡沫血样或黑绿色。其他内脏无特异变化。将肠黏膜刮取物或肝触片革兰氏染色镜检,可见到革兰氏阳性、两极钝圆大杆菌、着色均匀、有荚膜。

(4)鸡组织滴虫病与鸡球虫病的鉴别:二者均有精神委顿,食欲不振,翅膀下垂,羽毛松乱,闭目畏寒,下痢,排含血或全血稀粪,消瘦等临床症状。并均有盲肠扩大、壁增厚,内容物混有血液样干酪样物等剖检现象。但二者的区别在于:鸡球虫病的病原为球虫,病鸡冠髯苍白。剖检可见盲肠内容主要是凝血块、血液。小肠壁发炎、增厚，浆膜可见白色小斑点，黏膜发炎、肿胀，覆盖一层黏液分泌物且混有小血块。刮取黏膜镜检可观察到卵囊和大配子。

（5）鸡组织滴虫病与鸡六鞭原虫病的鉴别：二者均有精神萎靡，翅膀下垂，畏寒，扎堆，下痢、粪黄等临床症状。但二者的区别在于：鸡六鞭原虫病的病原为六鞭原虫。病鸡粪水样多泡沫，晚期惊厥和昏迷。剖检可见肠卡他性炎、膨胀、内容物水样、有气泡。取十二指肠刮取物镜检，可见大量运动快、体积小的六鞭虫。

（6）鸡组织滴虫病与鸡副伤寒的鉴别：二者均有精神不振，羽毛松乱，翅膀下垂，闭目畏寒，厌食下痢。并均有肠有炎症，盲肠有栓子等剖检现象。但二者的区别在于：鸡副伤寒的病原为副伤寒沙门菌。病鸡水样下痢，肛周粪污。剖检可见心包炎有粘连，十二指肠出血性、坏死性肠炎。成年鸡卵巢化脓性、坏死性炎（特征），以克隆抗体和核酸探针为基础的检测沙门氏菌诊断盒容易做出诊断。

【防治措施】

（1）保持鸡舍及运动场地面清洁卫生，或采用网上平养或笼养，可有效地预防本病。由于本病的发生与鸡异刺线虫有关，故应注意防治鸡异刺线虫病。

（2）发现病鸡应立即隔离治疗，重病鸡宰杀淘汰，鸡舍地面用3%苛性钠溶液消毒。

（3）药物治疗

①二甲硝基咪唑（达美素）：每天每千克体重40～50毫克，如为片剂、胶囊剂可直接投喂；如为粉剂可混料，连喂3～5天，之后剂量改为25～30毫克，连喂2周。

②甲硝基羟乙唑（灭滴灵）：按0.05%浓度混水，连用7天，停药3天后再用7天。

③痢特灵：按0.04%浓度混料，连喂5～7天，停药2～3天后再喂5～7天。

四、鸡　虱

【流行特点】　　鸡羽虱是鸡体表常见的体外寄生虫,常见的鸡羽虱主要有头虱、羽干虱和大体虱三种(见图3-5)。头虱主要寄生在鸡的颈、头部,对幼鸡的侵害最为严重;羽干虱主要寄生在羽毛的羽干上;鸡大体虱主要寄生在鸡的肛门下面,有时在翅膀下部和背、胸部也有发现。鸡羽虱的发育过程包括卵、若虫和成虫三个阶段,全部在鸡体上进行。雌虱产的卵常集合成块,黏着在羽毛的基部,经5~8天孵化出若虫,外形与成虫相似,在2~3周内经3~5次蜕皮变为成虫。羽虱通过直接接触或间接接触传播,一年四季均可发生,但冬季较为严重。若鸡舍矮小、潮湿,饲养密度大,鸡群得不到砂浴,可促使羽虱的传播。

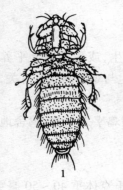

图3-5　鸡羽虱
1. 大体虱　2. 头虱　3. 羽干虱

【临床症状】　　羽虱繁殖迅速,以羽毛和皮屑为食,使鸡奇痒不安,因啄痒而伤及皮肉,使羽毛脱落,日渐消瘦,产蛋量减少,以头虱和大体虱对鸡危害最大,使雏鸡生长发育受阻,甚至由于体质衰弱而死亡。

【鉴别诊断】

(1)鸡体虱寄生与臭虫寄生的鉴别:二者均有瘙痒不安,不断以喙啄羽毛皮肤,消瘦,产蛋量下降等临床症状。但二者的区别在于:后者病原为臭虫。鸡被臭虫刺入的皮肤有红点及肿胀,体表无寄虫体,在栖架和墙角的隙缝可找到有臭味的臭虫。

(2)鸡体虱寄生与蚤寄生的鉴别:二者均有瘙痒不安,不断以喙啄羽毛皮肤,消瘦,产蛋量下降等临床症状。但二者的区别在于:后者病原为蚤。若鸡体有蚤寄生,拨开鸡体羽毛可见蚤迅速逃跑。

(3)鸡体虱寄生与蜱寄生的鉴别:二者均有瘙痒不安,不断以喙啄羽毛皮肤,消瘦,产蛋量下降等临床症状。但二者的区别在于:后者病原为蜱,在蜱吸血时可找到蜱,而吸血后即离开鸡体。在栖架、墙缝中可找到蜱。

(4)鸡体虱寄生与螨寄生的鉴别:二者均有瘙痒不安,不断以喙啄羽毛皮肤,消瘦,产蛋量下降等临床症状。但二者的区别在于:后者病原为螨,可在栖架、木柱、屋顶、支架隙缝中找到红或黑的小圆点(鸡刺皮螨),或在脚腿无毛处、鸡的冠髯找到螨(鸡突变膝螨)。

【防治措施】

(1)用 12.5×10^{-6} 溴氰菊酯或 $10 \sim 20 \times 10^{-6}$ 杀菊酯直接向鸡体喷洒或药浴,同时对鸡舍、笼具进行喷洒消毒。

(2)在运动场内建一方形浅池,在每 50 千克细砂内加入硫磺粉 5 千克,充分混匀,铺成 $10 \sim 20$ 厘米厚度,让鸡自行砂浴。

五、鸡　螨

鸡螨虫体很小,肉眼不易看清。其种类很多,寄生部位、习性及防治方法各不相同。主要的鸡螨有以下几种。

（1）鸡刺皮螨：也叫红螨，是寄生于鸡体最常见的一种螨（见图3-6）。虫体呈长椭圆形，白天潜伏于墙壁、笼架的缝隙中，并在这些地方产卵和繁殖。夜晚爬到鸡体上叮咬吸血，每次一个多小时，吸饱后离开。鸡遭大量刺皮螨侵袭时，则日渐贫血，消瘦，成年鸡产蛋减少；雏鸡生长发育受阻，失血严重时可引起死亡。

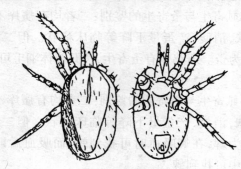

图3-6　鸡刺皮螨

【防治方法】　用0.5%敌百虫水喷洒鸡笼等设备。舍内墙缝、角落先喷洒0.5%敌百虫水，再用石灰浆加0.5%敌百虫刷堵墙缝。舍内清除出的垫草等杂物，能烧掉的烧掉，不能烧的用0.5%敌百虫水浇透，堆到远处。隔1周再这样处理一次。

（2）林禽刺螨：也叫北方羽螨，成虫呈长椭圆形，形态与鸡刺皮螨相似，但背板呈纺锤形（见图3-7）。雌虫产卵于鸡的羽毛上，1天内孵化为幼虫。幼虫和两个若虫期在4天之内发育完成，从幼虫孵化到成虫产卵的生活史均在鸡体上。

林禽刺螨伏在鸡体上昼夜吸血，严重感染时可使羽毛变黑，肛门周围皮肤结痂龟裂。受感染的鸡群产蛋量减少，饲料消耗增加，感染严重的，可造成鸡体贫血，甚至死亡。此外，林禽刺螨还可能是鸡痘和新城疫的传播媒介。

【防治方法】　用0.1敌百虫溶液或0.2%三氯杀螨醇溶液药浴，然后将药液喷洒于鸡舍内及笼架等饲养设备。

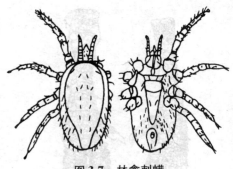

图 3-7　林禽刺螨

（3）脱羽膝螨：寄生在鸡羽毛根部，成虫形态呈球形。寄生部位引起剧烈瘙痒，以致鸡自己啄掉大片羽毛。危害多在夏季。

【防治方法】　鸡脱羽膝螨的防治方法与林禽刺螨相同。

（4）鸡突变膝螨：也叫鳞足螨，常寄生于年龄较大的鸡。虫体几乎呈球形，表皮上具有明显的条纹（见图 3-8）。突变膝螨寄生在鸡腿脚的鳞片，并在患部深层产卵繁殖，整个生活史不离开患部，使患部发炎。病患处先起鳞片，接着皮肤增生而变粗糙，裂缝，流出大量渗出液。干燥后形成白色的痂皮，好像涂上一层石灰的样子，因而这种寄生虫病又叫鸡石灰脚（见图 3-9）。如不及时治疗，可引起关节炎，趾骨坏死而发生畸形，鸡只行走困难，采食、生长、产蛋都受影响。鸡鳞足螨的感染力不强，通常是一部分鸡受害较严重。

图 3-8　突变膝螨

【防治方法】　先将病鸡脚泡入温肥皂水中，使痂皮泡软，除去痂皮，涂上 20% 硫黄软膏或 2% 石炭酸软膏，每天 2 次，连用 3～5 天。也可将鸡脚浸泡在 0.1% 敌百虫溶液或 0.2% 三氯杀螨醇溶液中 4～5 分钟，一面用小刀刮去结痂，一面用小刷子刷脚，使药液渗入组织内以杀死虫体。间隔 2～3 周后，可再药浴 1 次。

图 3-9　　突变膝螨引起的病变

（石灰脚）

【鉴别诊断】

（1）鸡体螨寄生与虱寄生的鉴别：二者均有瘙痒不安，不断以喙啄羽毛皮肤，消瘦，产蛋量下降等临床症状。但二者的区别在于：后者病原为虱，拨开羽毛可见虱缓慢爬动。

（2）鸡体螨寄生与臭虫寄生的鉴别：二者均有瘙痒不安，不断以喙啄羽毛皮肤，消瘦，产蛋量下降等临床症状。但二者的区别在于：后者病原为臭虫。鸡被臭虫刺入的皮肤有红点及肿胀，体表无寄虫体，在栖架和墙角的隙缝可找到有臭味的臭虫。

（3）鸡体螨寄生与蚤寄生的鉴别：二者均有瘙痒不安，不断以喙啄羽毛皮肤，消瘦，产蛋量下降等临床症状。但二者的区别在于：后者病原为蚤。若鸡体有蚤寄生，拨开鸡体羽毛可见蚤迅速逃跑。

（4）鸡体螨寄生与蜱寄生的鉴别：二者均有瘙痒不安，不断以喙啄羽毛皮肤，消瘦，产蛋量下降等临床症状。但二者的区别在于:后者病原为蜱,在蜱吸血时可找到蜱,而吸血后即离开鸡体。在栖架、墙缝中可找到蜱。

(5)鸡体螨寄生(突变膝螨)与鸡泛酸缺乏症的鉴别:二者均有脚部肿大,跛行,生长受阻,消瘦,产蛋量下降等临床症状。但二者的区别在于:鸡泛酸缺乏症的在病因是日粮中泛酸缺乏。雏鸡头部羽毛脱落,趾间和眼睑被黏液黏着,口角、泄殖腔周围有痂皮。

1.（残缺文字）

（5）（残缺文字）

第四章 鸡营养代谢病的
鉴别诊断与防治

营养代谢性疾病发生缓慢,通常当疾病严重到一定程度才表现典型症状和病变。其主要危害是使鸡生长发育受阻,生产力下降;体质变弱,抗病力降低,易继发其他疾病;有的营养代谢疾病也可造成鸡只死亡。

造成营养代谢性疾病的原因是多方面的:饲料中缺乏某些营养物质,或由于胃肠道疾病吸收不良,造成营养缺乏症;鸡在某一阶段对某些营养物质的需要量增加,如产蛋高峰时鸡对钙和蛋白质的需要量增加,此时如饲料中不相应提高这些物质的含量,就会引起疾病;饲料中某些营养物质搭配不当,或者一种物质缺乏引起另一种物质吸收障碍,都可造成机体代谢紊乱而引起疾病。

在生产中,营养代谢性疾病往往是以综合征的形式表现出来,处理这类疾病的原则是:少则补,多则减,维持平衡,加强管理。

一、维生素 A 缺乏症

【病因分析】 引起鸡维生素 A 缺乏症的因素大致有以下几个方面。

（1）饲料中维生素 A 添加剂的添加量不足或其质量低劣。

（2）维生素添加剂配入饲料后时间过长,或饲料中缺乏维生素 E,不能保护维生素 A 免受氧化,造成失效过多。

（3）以大白菜、卷心菜等含胡萝卜素很少的青饲料代替维生素添加剂。

（4）长期患病,肝脏中储存的维生素 A 消耗很多而补给不足。

（5）饲料中蛋白质水平过低,维生素 A 在鸡体内不能正常移送,即使供给充足也不能很好发挥作用。

（6）饲料中存在维生素 A 的拮抗物如氯化萘等,影响维生素 A 的吸收和利用。

（7）种鸡缺乏维生素 A,其所产的种蛋及免强孵出的雏鸡也都缺乏维生素 A。

【临床症状】　轻度缺乏维生素 A,鸡的生长、产蛋、种蛋孵出率及抗病力受一定影响,但往往不被察觉,使养鸡生产在不知不觉中受到损失。当严重缺乏维生素 A 时,才出现明显的、典型的临床症状。

种蛋缺乏维生素 A,孵化初期和死胚较多,或胚胎发育不良,出壳后体质较弱,肾脏、输尿管及其他脏器常有尿酸盐沉积,眼球干燥或分泌物增多,对传染病的易感性增高。如果出壳后给予丰富的维生素 A,这些情况可逐渐好转,否则病情很快加重,出现典型症状。另一种情况是健康的雏鸡和成年鸡饲料中缺乏维生素 A 时,肝脏中储存的维生素 A 逐渐消耗,消耗到一定程度才出现明显症状,这是一个比较缓慢的渐进过程,雏鸡为 6 周左右,成年鸡2~3 个月。

雏鸡的维生素 A 缺乏症,表现为精神不振,发育不良,羽毛脏乱、嘴、脚黄色变淡,步态不稳,往往伴有严重的球虫病。病情发展到一定程度时,出现特征性症状:眼内流出水样液体,眼皮肿胀鼓起,上下眼皮黏在一起。若用镊子轻轻拨开眼皮,可见眼皮下蓄积黄豆大的白色干酪样物质（可完整地挑出）,眼球凹陷,角膜浑浊成云雾状,变软,半失明或失明,最后因衰弱看不见采食而死亡。

　　成年鸡缺乏维生素 A,起初产蛋量减少,种蛋受精率和孵化率下降,抗病力降低。随着病程发展,逐渐呈现精神不振,体质虚弱,消瘦,羽毛松乱,冠、腿褪色,眼内和鼻孔流出水样分泌物,继而分泌物逐渐浓稠呈牛乳样(见图4-1),致使上下眼睑黏在一起,眼内逐渐蓄积乳白色干酪样物质,使眼部肿胀(见图4-2)。此时若不把蓄积的物质去除,可引起角膜软化、穿孔,最后造成失明。口腔黏膜上散布一种白色小脓疱或覆盖一层灰白色伪膜。鸡蛋内血斑发生率和严重程度增加。公鸡性功能降低,精液品质下降。

图 4-1　病鸡眼内流出　　　图 4-2　病鸡眼部肿胀,
　　　牛乳样分泌物　　　　　　　内充满干酪样物质

　　【病理变化】　剖检病死鸡或重病鸡,可见其口腔、咽部及食管黏膜上出现许多灰白色小结节,有时融合连片,成为假膜(见图4-3)。这是本病的特征性病变,成年鸡比雏鸡明显。同时,内脏器官出现尿酸盐沉积,与内脏型痛风相似,最明显的是肾肿大,颜色变淡,表现有灰白色网状花纹,输卵管变粗,心、肝、等脏器的表面也常有白霜样尿酸盐覆盖。雏鸡的尿酸盐沉积一般比成年鸡严重。

　　【鉴别诊断】

　　(1)鸡维生素 A 缺乏症与鸡痘(白喉型)的鉴别:二者均有精神萎靡、消瘦,口腔有灰白色结节且覆有白色假膜,揭去假膜有溃疡等临床症状。但二者的区别在于:鸡痘有传染性,其病原为痘病毒。病鸡吞咽、呼吸均困难，并发出嘎嘎声，病料接种 9～12 日龄鸡胚、绒毛尿囊膜上，4～5 天后可见有痘斑病灶。

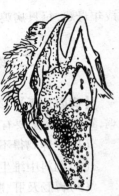

图4-3　病鸡口腔、咽部及食管黏膜形成假膜

(2)鸡维生素 A 缺乏症与鸡痛风的鉴别：二者均有消瘦，冠苍白，步态不稳，产蛋率降低等临床症状。并均有肝、脾、心包表面有尿酸盐等剖检病变。但二者的区别在于：鸡痛风的病因是日粮中蛋白质太多而造成尿酸血症。病鸡不由自主排白色半黏液状稀粪，血中尿酸水平增高达 10～16 毫克/公升（正常为 1.5～3.0 毫克/公升）。关节肿胀、蹲坐或独肢站立，行动迟缓，坡行，剖检可见脑膜、腹膜、肺、心包、肝、脾、肾、肠系膜有一层半透明薄膜或白色结晶，关节也有结晶。

(3)鸡维生素 A 缺乏症与鸡脑脊髓炎的鉴别：二者均有精神萎顿，羽毛松乱，生长缓慢，运动失调，走路不稳等临床症状。但二者的区别在于：鸡脑脊髓炎的病原为禽脑脊髓炎病毒。病鸡部分晶体混浊，眼球增大。驱赶时以跗关节走路并拍打翅膀。剖检可见脑膜充血、出血，肌胃、肌层有散在灰白区。用荧光抗体阳性鸡可见黄绿色荧光。

【防治措施】

(1)平时要注意保存好饲料及维生素添加剂，防止发热、发霉和氧化，以保证维生素 A 不被破坏。

(2)注意日粮配合，日粮中应补充富含维生素 A 和胡萝卜素的饲料及维生素 A 添加剂。

(3)治疗病鸡可在饲料中补充维生素 A，如鱼肝油及胡萝卜等。群体治疗时，可用鱼肝油按 1%～2% 浓度混料，连喂 5 天（按每千克体重补充维生素 A1 万国际单位），可治愈。对症状较重的成年母鸡,每只病鸡口服鱼肝油 1/4 食匙,每天 3 次。

二、维生素 D 和钙、磷缺乏症

【病因分析】　维生素 D 和钙、磷缺乏症主要见于笼养鸡和雏鸡,致病因素主要有以下几个方面。

(1)笼养鸡得不到日光浴,鸡体内不能自身合成维生素 D_3。

(2)饲料中维生素 D 添加剂的添加量不足或其质量低劣。

(3)胃肠及肝、胰脏疾病,使维生素 D、钙、磷的吸收不良。

(4)饲料中添加过多的硫酸锰,影响维生素 D 的利用。

(5)种鸡缺乏维生素 D,造成雏鸡先天性缺乏症。

(6)日粮中钙、磷添加量不足或钙、磷不当,影响钙、磷的正常代谢。

【临床症状及病理变化】　病雏表现为生长缓慢,羽毛松蓬,两腿无力,步态不稳,以飞节着地(见图4-4),腿骨变脆易折断,喙和趾变软易变曲。肋骨也失去正常的硬度,在椎肋与胸肋结合处向内弯曲。椎肋与椎骨结合处肋骨的内侧有界限明显的球状突

图 4-4　病雏羽毛生长不良,两腿无力,步态不稳

起,呈串珠状(见图 4-5),一些肋骨在这一区域甚至发生自发性折

裂。腰椎部脊椎向下凹陷。成鸡表现为产薄壳蛋、软壳蛋,产蛋率下降,精液品质恶化,孵化率降低。

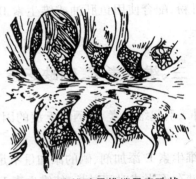

图4-5　病雏肋骨椎端呈串珠状

【鉴别诊断】

(1)维生素 D 和钙、磷缺乏症与鸡锰缺乏症的鉴别:二者均有生长迟缓,行走吃力、常以跗关节伏下等临床症状。但二者的区别在于:鸡锰缺乏症的病因是日粮中锰缺乏。病鸡骨粗短,排肠肌腱脱出骨槽,胚胎体躯短小,腿粗短,头呈圆球样,喙短弯如鹦鹉嘴。

(2)鸡维生素 D 缺乏症与鸡钙磷缺乏和比例失调症的鉴别:二者均有雏鸡啄、爪较软,行走吃力,成年鸡产蛋、孵化率降低,产软壳蛋、薄壳蛋等临床症状。并均有骨易折断,肋骨呈串珠状,胸骨弯曲等剖检病变。但二者的区别在于:鸡钙磷缺乏和比例失调症的病因是日粮中钙磷缺乏和比例失调。雏鸡跗关节肿大,关节面软骨肿胀和缺损或纤维素样物附着。

【防治措施】

(1)在允许的条件下,保证鸡只有充分接触阳光的机会,以利于体内维生素 D 的转化。

(2)要注意日粮配合(尤其是室内养鸡),确保日粮中维生素 D、钙、磷的含量。

（3）对于发病鸡群，要查明是磷缺乏还是钙或维生素 D 缺乏。在查明原因后，可及时补充缺乏成分；在难查明原因的时候，可补充 1% ~ 2% 的骨粉，配合使用鱼肝油或维生素 D，病鸡多在 4 ~ 5 天后康复。

三、维生素 E、硒缺乏症

【病因分析】　引起维生素 E、硒缺乏症的因素大致有以下几个方面：

（1）饲料中维生素 E 添加剂、硒的添加量不足。

（2）添加剂储存不当或时间过长，使维生素 E 遭破坏。

（3）饲料发生腐败，不饱和脂肪酸含量增多，从而增加了维生素 E 的需要量。

（4）地方性缺硒或饲料玉米来源于缺硒地区。

（5）鸡患球虫病或其他慢性肠道疾病，使维生素 E 的吸收利用率降低。

【临床症状及病理变化】

（1）脑软化症：病雏头向下挛缩或向一侧扭转，也有的向后仰，步态不稳，时而向前或向侧面冲去，两腿阵发性痉挛抽搐，不完全麻痹。由于很少采食，最后衰弱死亡。剖检病死鸡，可见小脑肿胀、柔软，脑膜水肿，小脑表面常有散在出血点（见图 4-6），并有一种黄绿色浑浊的坏死区。这些病变也经常波及到大脑和其他脑部。

（2）渗出性素质：常因维生素 E 和硒同时缺乏而引起，发病日龄一般比脑软化症稍晚。其特征是毛细血管的通透性改变，血液成分外渗。病雏精神不振，两腿向外叉开，胸部、腹部、头颈部、翅内侧、大腿内侧皮下水肿，腹部膨大，外观呈绿色，有的翅部皮肤出现溃烂。剖检可见皮下水肿，有大量淡黄绿色黏性液体（见图

4-7)。肌肉表面常出血斑点,腹腔内积有黄绿色腹水,心包液增多。

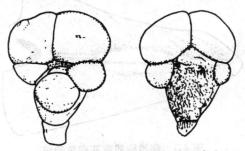

图4-6　病雏小脑肿胀、柔软,表面出血

图4-7　病雏皮下有大量黄绿色黏性液体

(3)白肌病:由维生素E与含硫氨基酸(蛋氨酸、胱氨酸)同时缺乏而引起,多发于1月龄前后。病雏消瘦衰弱,行走无力,陆续发生死亡。剖检可见骨骼肌,尤其是胸肌和腿肌因为营养不良而苍白贫血,并有灰白色条纹(见图4-8)。

(4)成年鸡缺乏维生素E、硒时,无明显临床症状,但母鸡产蛋率下降,公鸡睾丸变小,性欲不强,精液中精子数减少,种蛋受精率和孵化率降低。

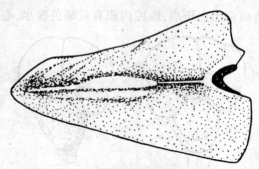

图 4-8　病雏胸肌有灰白色条纹

【鉴别诊断】

（1）维生素 E、硒缺乏症与鸡脑脊髓炎的鉴别：二者均有精神沉郁，共济失调，行走不便，不能站立；成年鸡产蛋率、孵化率下降等临床症状。并均有脑膜充血、出血等剖检病变。但二者的区别在于：鸡脑脊髓炎的病原为脑脊髓炎病毒（AEV），具有传染性，暴发时，雏鸡出壳后即陆续发病，3 天后出现麻痹，头颈部震颤，部分存活鸡一侧或两侧晶体混浊或浅蓝色失明。剖检可见肌胃、肌层有散在灰白区，中枢神经元变性胶质细胞增生和血管套现象。在荧光抗体技术（FA）阳性鸡的组织中可见黄绿色荧光。

（2）维生素 E、硒缺乏症与鸡葡萄球菌病的鉴别：二者均有关节肿大、跛行，仍有食欲，不喜站立等临床症状。但二者的区别在于：鸡葡萄球菌病的病原为葡萄球菌。病鸡趾跖关节多呈紫红或紫黑色，有破溃结痂。剖检可见关节炎有纤维素性渗出物，后变为干酪样坏死。用关节液、渗出物涂片镜检可见葡萄球菌。

（3）维生素 E、硒缺乏症与鸡维生素 B_6 缺乏症的鉴别：二者均有向前乱闯，神经紊乱，成年鸡产蛋率、孵化率下降等临床症状。但二者的区别在于：鸡维生素 B_6 缺乏症的病因是日粮中维生素 B_6 缺乏。多因饲料过分曝晒遭紫外线照射而致维生素 B_6 损失。病雏双脚颤动，跑时翅膀扑击，倒向一侧或翻仰在地，头脚急剧摆动至衰竭而死。剖检可见皮下水肿,内脏肿胀,脊髓外周神经变性。

(4)维生素 E、硒缺乏症与肉鸡腹水综合征的鉴别:二者均有精神沉郁,生长停滞,喜躺卧,起立困难,腹部肿大,运步艰难等临床症状。并均有皮下瘀血,心扩张,心包积液等剖检病变。但二者的区别在于:肉鸡腹水综合征的病因是缺氧,寒冷,喂高脂高能高蛋白的饲料而发生。病鸡典型症状是腹部膨大,腹部皮肤变薄、变亮,针刺腹壁流出黄或淡红色液,冠髯紫红。剖检可见腹腔有大量液体,并有纤维素或絮状物,肝肿大、呈紫红色、表面有灰白或淡黄胶冻样物。

【防治措施】

(1)注意日粮配合,日粮中应补充富含维生素 E 的饲料及维生素 E、硒添加剂。

(2)对发病鸡应及时治疗。

①雏鸡脑软化症,每只每日一次口服维生素 E 5 国际单位(维生素 E 醛脂 5 毫克),病性较轻的 1~2 天即明显见效,可连服 3~4 天。

②雏鸡渗出性素质及白肌病,每千克饲料加维生素 E 20 国际单位、亚硒酸钠 0.2 毫克(0.1% 的针剂 0.2 毫升)、蛋氨酸 2~3 克,连用 2 周。

③成年鸡缺乏维生素 E、硒时,可在每千克饲粮中添加维生素 E 150~200 毫克、亚硒酸钠 0.5~1.0 毫克或大麦芽 30~50 克,连用 2~4 周,并酌喂青绿饲料。

④植物油中富含维生素 E 并有利于维生素 E 的吸收,在饲料中混合 0.5% 的植物油,可得到较好的治疗效果。

四、维生素 B_1 缺乏症

【病因分析】　虽然大部分饲料中均含有一定量的维生素 B_1（硫胺素），但它是一种水溶性维生素，在饲料加工过程中容易损失，而且对热极不稳定，在碱性环境中易分解失效。肉骨粉和鱼粉中的维生素 B_1 在加工过程中绝大部分已丢失。鸡肠道最后段的微生物能合成一部分，但量很少，也不利于吸收。饲料和饮水中加入的某些抗球虫药物如安普洛里等，干扰鸡体内维生素 B_1 的代谢。此外，新鲜鱼虾及软体动物内脏中含有较多的硫胺素酶，能破坏维生素 B_1，如果生喂这些饲料，易造成维生素 B_1 缺乏症。

【临床症状及病理变化】　雏鸡的维生素 B_1 缺乏症常突然发生，表现厌食，消瘦，贫血，体温降低，腿软无力，有的下痢。继而由于多发性神经炎，腿、翅、颈的伸肌痉挛，病鸡以飞节和尾部着地，仿佛坐于地面，头向后仰，呈特征性的"观星"姿势（见图4-9），有时倒地侧卧，头仍向后仰，严重时衰竭死亡。成年鸡发病较慢，除精神、食欲失常外，还表现鸡冠呈蓝紫色，步态不稳，进行性瘫痪。

图 4-9　病雏的"观星"姿势

剖检病死鸡，可见皮肤广泛水肿；肾上腺肥大（母鸡明显）；胃肠有炎症，十二指肠溃疡；心脏右侧常扩张，心房较心室明显；生殖器官萎缩，以公鸡的睾丸较明显。

【鉴别诊断】

(1)鸡维生素 B_1 缺乏症与鸡李氏杆菌病的鉴别:二者均有羽毛松乱,食欲不振,两肢无力,行动不稳,仰头,两翅下垂,有的乱闯等临床症状。但二者的区别在于:鸡李氏杆菌病的病原为李氏杆菌,具有传染性。病鸡离群呆立,下痢,冠髯发绀,皮肤暗紫,腿部阵发抽搐。剖检可见脑膜明显充血,心肌有坏死,心包积液,肝肿大、呈土黄色有紫血斑和白色坏死。脾肿大、呈紫黑,腺胃、肌胃黏膜脱落。血检可见排列"V"形革兰氏阳性小杆菌。

(2)鸡维生素 B_1 缺乏症与鸡脑脊髓炎的鉴别:二者均有羽毛松乱,共济失调,步态不稳,翅腿麻痹等临床症状。但二者的区别在于:鸡脑脊髓炎的病原为脑脊髓炎病毒,具有传染性。病鸡表现迟钝,走几步即蹲下,常以跗关节着地,驱赶走路时用跗关节着地和拍打翅膀;部分晶体混浊或眼球增大失明。剖检可见脑膜充血、出血,肌胃肌层有散在灰白区。用荧光抗体阳性鸡检查可见黄绿色荧光。

(3)鸡维生素 B_1 缺乏症与鸡维生素 B_2 缺乏症的鉴别:二者均有行走困难,趾腿麻痹不能行走,生长不良,消瘦等临床症状。但二者的区别在于:鸡维生素 B_2 缺乏症的病因是日粮中维生素 B_2 缺乏。雏鸡1～2周龄腹泻,食欲良好,足趾向内弯曲,以跗关节着地,张开翅膀以保持平衡。随后两腿瘫痪,皮肤干而粗糙。成年鸡瘫痪。孵化率下降,胎胚结节状绒毛、颈部弯曲,躯体短小,关节水肿,贫血。

(4)鸡维生素 B_1 缺乏症与鸡维生素 B_6 缺乏症的鉴别:二者均有食欲减退,生长不良,贫血,抽搐,头偏向一侧奔跑等临床症状。并均有皮下水肿等剖检病变。但二者的区别在于:鸡维生素 B_6 缺乏症的病因是日粮中维生素 B_6 缺乏。病鸡双脚神经性颤动,惊厥时奔跑,翅膀扑击,翻仰时头腿急剧摆动至衰竭而死。剖检可见内脏稍肿,脊髓外周神经变性。

（5）鸡维生素 B_1 缺乏症与鸡弓形虫病的鉴别：二者均有食减，消瘦，贫血，运动失调，抽搐，角弓反张等临床症状。但二者的区别在于：鸡弓形虫病的病原为弓形虫。病鸡歪头失明，转圈，排白色稀粪。剖检可见心包有淡红色液体，心膜有圆形结节，小肠有结节、增厚。肝肿大、有坏死灶，脾有坏死灶。取腹腔液或组织涂片镜检可见虫体。

（6）鸡维生素 B_1 缺乏症与鸡呋喃类药物中毒的鉴别：二者均有运动失调，抽搐，强直痉挛，角弓反张等临床症状。但二者的区别在于：鸡呋喃类药物中毒的病因是服用呋喃类药物过量而发病。病雏兴奋鸣叫，头颈反转作圆圈运动。成年鸡点头颤动，鸣叫作转圈运动。剖检可见口腔充满泡沫，嗉囊扩张，有轻度出血性胃肠炎，肠内充满黄色内容物。

（7）鸡维生素 B_1 缺乏症与鸡黄曲霉毒素中毒的鉴别：二者均有精神沉郁，减食，羽毛松乱，消瘦，贫血，运动失调，两脚麻痹，角弓反张等临床症状。但二者的区别在于：鸡黄曲霉毒素中毒的病因是鸡吃了黄曲霉污染的饲料而发病。病鸡排血便，冠髯苍白，成年鸡产蛋率和孵化率均下降。剖检可见肝肿大，呈橘黄或土黄色，弥漫性出血和坏死，时间长可出现肝细胞瘤或胆管癌。用紫外线照射可见到亮黄绿色荧光（G 族毒素）或蓝紫色荧光（B 族毒素）。

【防治措施】

（1）注意日粮中谷物等富含维生素 B_1 饲料的搭配，适量添加维生素 B_1 添加剂。

（2）妥善储存饲料，防止由于霉变、加热和遇碱性物质而致使维生素 B_1 遭受破坏。

（3）对病鸡可用硫胺素治疗，每千克饲料 10～20 毫克，连用 1～2 周；重病鸡可肌内注射硫胺素，雏鸡每次 1 毫克，成年鸡 5 毫克，每日 1～2 次，连续数日。同时饲料中适当提高糠麸的比例和维生素 B_1 添加剂的含量。除少数严重病鸡外，大多经治疗可以康复。

五、维生素 B$_2$ 缺乏症

【病因分析】 维生素 B$_2$ 缺乏症主要见于雏鸡。雏鸡对维生素 B$_2$（核黄素）需要量较多，而自身肠道内微生物合成量很少，若饲料单一，如给初生雏单独喂小米、碎大米或玉米面等，很容易造成雏鸡对维生素 B$_2$ 的缺乏。此外，维生素 B$_2$ 在光照和碱性条件下易被分解，若配合饲料保存时间过长，就会造成维生素 B$_2$ 的损失。

【临床症状及病理变化】 雏鸡维生素 B$_2$ 缺乏症，一般发生在 2 周龄至 1 月龄之间。病鸡生长缓慢、衰弱、消瘦、羽毛粗乱，绒毛很少，有的腹泻。具有特征性的症状是脚趾向内弯曲，中趾尤为明显（见图 4-10），两腿不能站立，以飞节着地，当勉强以飞节移动时，常展翅以维持身体平衡。食欲正常，但行走困难吃不到食物，最后衰弱死亡或被其他鸡踩死。成年鸡缺乏维生素 B$_2$ 时，产蛋量减少，种蛋孵化率低，胚胎出现"侏儒"水肿等异常现象，死胎数增加。

图 4-10 病雏的趾爪向内弯曲

剖检病死雏或重病雏可见坐骨神经和臂神经肿大变软，胃肠壁很薄,肠内有多量泡沫状内容物,肝脏较大而柔软,含脂肪较多。

【鉴别诊断】

(1)鸡维生素 B_2 缺乏症与鸡脑脊髓炎的鉴别:二者均有不愿走路,常以跗关节着地,趾关节弯曲,腿麻痹,生长受阻,消瘦等临床症状。但二者的区别在于:鸡脑脊髓炎的病原为禽脑脊髓炎病毒,具有传染性。病鸡头颈部震颤,驱赶时以跗关节走路和拍翅膀。一侧或两侧晶体混浊,眼球增大,失明。剖检可见脑膜充血、出血,肌胃肌层有散在灰白区。用荧光抗体技术(FA),阳性鸡的组织中可见黄绿色荧光。

(2)鸡维生素 B_2 缺乏症与鸡维生素 B_1 缺乏症的鉴别:二者均有行走困难,趾腿麻痹,生长不良,消瘦等临床症状。但二者的区别在于:鸡维生素 B_1 缺乏症的病因是日粮中维生素 B_1 缺乏所致。病鸡食欲减退,贫血,趾屈肌麻痹,而后向腿肢延伸,角弓反张如观星状。

(3)鸡维生素 B_2 缺乏症与鸡锰缺乏症的鉴别:二者均有生长缓慢,不能行走,以跗关节着地,产蛋率下降,胚胎、体躯短小等临床症状。但二者的区别在于:鸡锰缺乏症的病因是日粮中锰缺乏。病鸡胫骨下端、跖骨上端弯曲扭转,排肠肌腱脱出骨槽,胚胎翅短,腿粗短,头呈圆球形,喙短、弯曲似鹦鹉嘴。

【防治措施】

(1)雏鸡开食最好采用配合饲料,若采用小米、玉米面等单一饲料开食,只能饲喂 1～2 天,3 日龄后开始喂配合饲料。

(2)在日粮中应注意添加青绿饲料、麸皮、干酵母等含维生素 B_2 丰富的成分,也可直接添加维生素 B_2 添加剂。配合饲料应避免含有太多的碱性物质和强光照射。

(3)对病鸡可用核黄素治疗,每千克饲料加 20～30 毫克,连喂 1～2 周。成年鸡经治疗一周后,产蛋率回升,种蛋孵化率恢复正常。但"蜷爪"症状很难治愈,因为坐骨神经的损伤已不可能恢复。

六、蛋白质缺乏症

【病因分析】　蛋白质是构成鸡体的主要成分,又是鸡生长、发育、产蛋所必需的养分。此外,蛋白质还参与形成鸡体内活动性物质,如激素、抗体等,是维持生命不可缺少的物质。如果日粮中缺乏蛋白质,鸡可出现一种病态——蛋白质缺乏症。

饲喂的饲粮中含蛋白质的数量不足,特别是缺乏动物性蛋白,满足不了鸡生长发育和产蛋的需要,或者所喂的饲料中缺乏必需氨基酸时,都可能引起蛋白质缺乏症。

【临床症状】　由于雏鸡和产蛋母鸡所需蛋白质相对较多,故易发生本病。雏鸡表现生长缓慢,发育不良,羽毛不整,抗病力差,易感染其他疾病,严重的出现水肿、贫血,鸡冠苍白。母鸡产蛋减少或停产,公鸡精子活力差,配种率和孵化率低。

【防治措施】

(1)合理配合饲料,供给充足的蛋白质和必需氨基酸,尤其是几种限制性必需氨基酸。

(2)及早发现病症,尽快补足蛋白质和必需氨基酸。晚期治疗效果不佳。

七、营养性衰竭症

鸡营养性衰竭症又称瘦弱病,主要是由于鸡体内的营养供给与消耗之间呈现负平衡而引起的营养不良综合征。其主要特征是病鸡表现进行性消瘦,贫血,逐渐衰竭。

【病因分析】　本病多发于雏鸡和青年鸡,主要是由于生长期喂料不足或饲料品种单一,饲料营养不能满足鸡体需要,使体内营养处于负平衡状态。此外,本病也常继发于各种慢性消耗性疾病,如鸡传染性贫血、白痢、球虫病及慢性胃肠炎等。

【临床症状及病理变化】　病鸡精神沉郁,站立无力,羽毛松乱,冠、髯苍白、进行性消瘦,胸骨弯曲。重病鸡爪趾蜷缩,站立不稳,常以尾部着地支撑。后期不会走路,两腿向两侧叉开,最后以全身衰竭而死亡。病鸡采食正常,直到濒死前 1～2 天仍能卧地采食,但食量明显减少。有些鸡出现啄肛、啄羽等异嗜现象,整个鸡群生长发育缓慢。

病死鸡剖检可见皮下、肌间、腹膜下和肠系膜等处的脂肪全部消耗。全身肌肉严重萎缩、变薄,缺乏弹性,色泽变淡,个别胸部肌肉有血斑。心肌菲薄,色淡,极脆弱,个别心肌出血。肝脏体积缩小,韧性增强,边缘锐薄。肾脏肿大,呈土黄色。多数肠管明显增厚,肠黏膜也有不同程度的淤血,盲肠扁桃体肿大、出血。

【防治措施】　加强饲养管理,合理配合饲粮,避免鸡群长期处于饥饿状态。鸡群发病后,逐渐增加能量、蛋白质饲料以及多种维生素和微量元素添加剂,一周后过渡到符合饲养标准的饲粮。同时在饮水中加入 0.02% 的氯霉素,进行肠道消炎,预防感染。

第五章　鸡中毒性疾病的
鉴别诊断与防治

一、食盐中毒

【病因分析】　引起鸡食盐中毒的因素主要有几个方面。

（1）饲料搭配不当，含盐量过多。

（2）在饲料中加进含盐量过多的鱼粉或其他富含食盐的副产品，使食盐的含量相对增多，超过了鸡所需要的摄入量。

（3）虽然摄入的食盐量并不多，但因饮水受限制而引起中毒。如用自动饮水器，一时不习惯，或冬季水槽冻结等原因，以致鸡几天饮水不足。

【临床症状及病理变化】　当雏鸡饲粮含盐量达 0.7% 、成年鸡达 1% 时，则引起明显口渴和粪便含水量增多；如果雏鸡饲粮含盐量达 1% 、成年鸡达 3% ，则能引起大批中毒死亡；按鸡的体重每千克口服食盐 4 克，可很快致死。

鸡中毒症状的轻重程度，随摄入食盐量多少和持续时间长短有很大差别。比较轻微的中毒，表现饮水增多，粪便稀薄或混有稀水，鸡舍内地面潮湿。严重中毒时，病鸡精神萎靡，食欲废绝，渴欲强烈，无休止地饮水。鼻流黏液，嗉囊胀大，腹泻，泻出稀水，步态不稳或瘫痪，后期呈昏迷状态，呼吸困难，有时出现神经症状，头颈弯曲，胸腹朝天，仰卧挣扎，最后衰竭死亡。

剖检病死鸡或重病鸡,可见皮下组织水肿,腹腔和心包积水,肺水肿,消化道充血、出血,脑膜血管充血扩张,肾脏和输尿管有尿酸盐沉积。

【鉴别诊断】

(1)鸡食盐中毒与鸡肉毒梭菌毒素中毒的鉴别:二者均有两肢无力、麻痹,下痢,最后心竭死亡等临床症状。并有肠道充血、出血等剖检病变。但二者的区别在于:鸡肉毒梭菌毒素中毒病因是鸡吃了含有肉毒梭菌毒素的腐烂尸体或蝇蛆而发病。病鸡无精神,打瞌睡,头颈、眼睑、翅也发生麻痹,重症头颈平放于地不能抬起。剖检可见喉气管有少量灰黄色带泡沫的黏液。将嗉囊内容物制成悬液接种于鸡的左下眼睑皮下,48 小时后左眼睑麻痹、半闭合,敲头时左眼睁不开,右眼闭合自如,18 小时后死亡。

(2)鸡食盐中毒与鸡李氏杆菌病的鉴别:二者均有两腿软弱无力,卧地挣扎不起,下痢等临床症状。并有脑膜血管充血,心包积水,肝瘀血,肠黏膜出血等剖检病变。但二者的区别在于:鸡李氏杆菌病的病原为李氏杆菌,具有传染性。病鸡冠髯发绀,皮肤暗紫,两翅下垂。剖检可见肝肿大、呈土黄色、有白色坏死灶、质脆易碎,心冠脂肪出血。脾肿大、呈黑红色,腹腔有血样液。血液或脾肝涂片、镜检可见排列"V"形、革兰氏阳性小杆菌。

【防治措施】

(1)严格控制食盐用量。鸡味觉不发达,对食盐无鉴别能力,尤其喂鸡时应格外留心。准确掌握含盐量,喂鱼粉等含盐量高的饲料时要准确计量。平时应供给充足的新鲜饮水。

(2)对病鸡要立即停喂含盐过多的饲料。轻度与中度中毒的,供给充足的新鲜饮水,症状可逐渐好转。严重中毒的要适当控制饮水,饮水太多会促进食盐吸收扩散,使症状加剧,死亡增多,可每隔 1 小时让其饮水十分钟至二十余分钟,饮水器不足时分批轮饮。

二、菜籽饼中毒

菜籽饼内富含蛋白质,可作为鸡的蛋白质饲料,在鸡的饲料中搭配一定量的菜籽饼,既可以降低饲料成本,也有利于营养成分的平衡。但是,菜籽饼中含有多种毒素,如硫氰酸酯、异硫氰酸脂,恶唑烷硫酮等,这些毒素对鸡体有毒害作用。如果鸡摄入大量未处理过的菜籽饼,就可以引起中毒。

【病因分析】　菜籽饼的毒素含量与油菜品种有很大关系,与榨油工艺也有一定关系。普通菜籽饼在产蛋鸡饲料中占8%以上,即可引起毒性反应。当菜籽饼发热变质或饲料中缺碘时,会加重毒性反应。不同类型的鸡对菜籽饼的耐受能力有一定差异,来航鸡各品系和各种雏鸡的耐受能力较差。

【临床症状及病理变化】　鸡的菜籽饼中毒是一个慢性过程,当饲料中含菜籽饼过多时,鸡的最初反应厌食,采食缓慢,耗料量减少,粪便出现干硬、稀薄、带血等不同的异常变化,逐渐生长受阻,产蛋减少,蛋重减轻,软壳蛋增多,褐壳蛋带有一种鱼腥味。

剖检病死鸡可见甲状腺(甲状腺位于胸腔入口气管两侧,呈椭圆形,暗红色)胃肠黏膜充血或呈出血性炎症,肝脏沉积较多的脂肪并出血,肾肿大。

【鉴别诊断】

(1)鸡菜籽饼中毒与鸡传染性贫血的鉴别:二者均有精神沉郁,减食,体重下降,行动迟缓,贫血等临床症状和病理变化。但二者的区别在于:鸡传染性贫血的病原为鸡传染性贫血病毒,具有传染性。病鸡喙、冠髯、头部及可视黏膜苍白。剖检可见肌肉、内脏器官褪色或呈淡黄色,骨髓萎缩。用肝制成悬液接种1日龄SPF雏鸡,出现典型症状和病理变化。

(2)鸡菜籽饼中毒与鸡叶酸缺乏症的鉴别:二者均有生长迟

滞,贫血,脚软无力,产蛋率下降等临床症状。并均有胃肠有炎症,肝充血等剖检病变。但二者的区别在于:鸡叶酸缺乏症的病因是日粮中叶酸缺乏所致。病雏羽毛生长不良,色素缺乏。伸颈、麻痹,骨粗短,死亡鸡胚腔骨弯曲,胃有小出血点。

(3)鸡菜籽饼中毒与鸡维生素 B_{12} 缺乏症的鉴别:二者均有生长缓慢,减食,贫血,产蛋和孵化率下降等临床症状。但二者的区别在于:鸡维生素 B_{12} 缺乏症的病因是日粮中维生素 B_{12} 缺乏所致。病鸡骨粗短,种蛋孵化时第 16 ~ 18 天出现死亡高峰,死胚体型缩小,皮肤水肿,肌肉萎缩。

【防治措施】

(1)对菜籽饼要采取限量、去毒的方法,合理利用。

(2)对病鸡只要停喂含有菜籽饼的饲料,可逐渐康复,无特效治疗药物。

三、棉籽饼中毒

棉籽饼内富含蛋白质,可作为鸡的蛋白质饲料,在鸡的饲料中搭配一定量的棉籽饼,既可以降低饲料成本,也有利于营养成分的平衡。但是,在棉籽饼中含有一种叫棉籽酚的有害物质,对组织细胞、血管、神经有毒害作用。如果加工调制不当或鸡摄入量过多,就会引起中毒。

【病因分析】　引起鸡棉籽饼中毒的因素主要有以下几个方面。

(1)用带壳的土榨棉籽饼配料。这种棉籽饼不仅含有大量的木质素和粗纤维,而且游离棉籽酚(游离态棉籽酚毒性强,结合态棉籽酚毒性弱)含量很高,因此不能用于喂鸡。目前随着榨油工业向现代化发展,这种棉籽饼已越来越少。

(2)在配合饲料中棉籽饼比例过大。棉籽饼中的游离棉籽酚与棉花品种、土壤、特别是榨油工艺有很大关系,常用的棉籽饼含游离棉籽酚万分之八左右,如果在鸡的饲料中配入8%～10%以上,就容易引起中毒。

(3)如果棉籽饼发霉变质,其游离棉籽酚的含量就会增高,则增加中毒的危险。

(4)如果配合饲料中维生素A、钙、铁及蛋白质不足,会促使中毒的发生。

【临床症状及病理变化】　中毒病鸡食欲减退或废绝,排黑褐色稀便,并常混有黏液、血液和脱落的肠黏膜。羽毛松乱,翅膀下垂,行动不稳,身体急剧消瘦。有些病鸡出现抽搐等神经症状,呼吸困难,最后因衰竭而死亡。母鸡产蛋减少或停产,公鸡精液中精子减少,活力减弱,种蛋的受精率和孵化率降低。

剖检病死鸡可见胃肠炎症,心肌松软无力,心外膜出血。肝脏充血肿大,质硬色黄。肺充血水肿,腹腔、胸腔均积有渗出液。

【鉴别诊断】

(1)鸡棉籽饼中毒与鸡传染性贫血的鉴别:二者均有精神沉郁,减食,体重下降,行动迟缓,血红蛋白和红细胞减少,贫血等临床症状和病理变化。但二者的区别在于:鸡传染性贫血的病原为鸡传染性贫血病毒,具有传染性。病鸡喙、冠髯、头部及可视黏膜苍白。剖检可见肌肉、内脏器官褪色或呈淡黄色,骨髓萎缩。用肝制成悬液接种1日龄SPF雏鸡,出现典型症状和病理变化。

(2)鸡棉籽饼中毒与鸡叶酸缺乏症的鉴别:二者均有生长迟滞,贫血,脚软无力,产蛋率下降等临床症状。并均有胃肠有炎症,肝充血等剖检病变。但二者的区别在于:鸡叶酸缺乏症的病因是日粮中叶酸缺乏所致。病雏羽毛生长不良,色素缺乏。伸颈、麻痹,骨粗短,死亡鸡胚腔骨弯曲,胃有小出血点。

(3)鸡棉籽饼中毒与鸡维生素B_{12}缺乏症的鉴别:二者均有生长缓慢,减食、贫血、产蛋和孵化率下降等临床症状。但二者的区别在于:鸡维生素 B_{12} 缺乏症的病因是日粮中维生素 B_{12} 缺乏所致。病鸡骨粗短,种蛋孵化时第 16～18 天出现死亡高峰,死胚体型缩小,皮肤水肿,肌肉萎缩。

【防治措施】

(1)去毒处理:饲料中每配入 100 千克棉籽饼,同时拌入 1 千克硫酸亚铁,这样在鸡的消化道内,棉籽酚与铁结合而失去毒性。棉籽饼的其他去毒方法还有蒸煮 2 小时、用2%～2.5%的硫酸亚铁溶液浸 24 小时等。

(2)限量饲喂:棉仁饼在蛋鸡饲料中所占比例,以5%～6%为宜,最多不超过8%。

(3)间歇使用:由于棉籽酚在体内积蓄作用较强,鸡饲料中最好不要长期配入棉籽饼,每隔 1～2 个月停用 10～15 天。

(4)区别对待:1 月龄以下的雏鸡不喂棉仁饼,青年鸡适当多喂,18 周龄以后及整个产蛋期少喂,种鸡在提供种蛋期间不喂。

(5)增喂青绿饲料:青绿饲料可显著增强动物机体对棉籽酚的解毒能力,在饲料中配入棉籽饼时,应尽可能供给充足的青绿饲料,做不到的应增加多种维生素添加剂的用量,但效果不及青绿饲料。

(6)对病鸡应停喂含有棉籽饼或棉籽饼的饲料,多喂些青绿饲料,经 1～3 天可逐渐恢复。

四、黄曲霉毒素中毒

黄曲霉毒素是黄曲霉菌的代谢产物,广泛存在于各种发霉变质的饲料中,对畜禽具有毒害作用。如果鸡摄入大量黄曲霉毒素,可造成中毒。

【病因分析】　鸡的各种饲料,特别是花生饼、玉米、豆饼、棉籽饼、小麦、大麦等,由于受潮、受热而发霉变质,含有多种霉菌与毒素,一般来说,其中主要的是黄曲霉菌及其毒素,鸡吃了这些发霉变质的饲料即引起中毒。

【临床症状及病理变化】　本病多发于雏鸡,6周龄以内的雏鸡,只要饲料中含有微量黄曲霉毒素就能引起急性中毒。病雏精神萎靡,羽毛松乱,食欲减退,饮欲增加,排血色稀粪。鸡体消瘦,衰弱,贫血,鸡冠苍白。有的出现神经症状,步态不稳,两肢瘫痪,最后心力衰竭而死亡。由于发霉变质的饲料中除黄曲霉菌外,往往还含有烟曲霉菌,所以3~4周龄以下的雏鸡常伴有霉菌性肺炎。

青年鸡和成年鸡的饲料中含有黄曲霉毒素等,一般是引起慢性中毒。病鸡缺乏活力,食欲不振,生长发育不良,开产推迟,产蛋少,蛋形小,个别鸡肝脏发生癌变,呈极度消瘦的恶病质,最后死亡。

剖检病变主要在肝脏。急性中毒的雏鸡肝脏肿大,颜色变淡呈黄白色,有出血斑点,胆囊扩张。肾脏苍白,稍肿大。胸部皮下和肌肉有时出血。成年鸡慢性中毒时,肝脏变黄,逐渐硬化,常分布有白色点状或结节状病灶。

【鉴别诊断】

(1)鸡黄曲霉毒素中毒与鸡维生素 B_1 缺乏症的鉴别:二者均有精神沉郁,减食,羽毛松乱,消瘦,贫血,运动失调,两腿麻痹,角弓反张等临床症状。但二者的区别在于:鸡维生素 B_1 缺乏症的病因是日粮中维生素 B_1 缺乏所致。病鸡趾屈肌先麻痹而后向上延至腿、翅。骨骼肌收缩无力。剖检可见皮下广泛水肿,卵巢、胃、肠萎缩,心轻度萎缩,体温降至35.5 ℃。

(2)鸡黄曲霉毒素中毒与鸡弓形虫病的鉴别:二者均有厌食,消瘦,鸡冠苍白、贫血,排稀粪,共济失调,角弓反张等临床症状。并均有肝肿大、有坏死灶,心包有积液等剖检病变。但二者的区别在于:鸡弓形虫病的病原为弓形虫。病鸡排白色稀粪,歪头失明,有的转圈,后期发生麻痹。脑眼型视交叉神经变脆和干燥、呈灰黄色、有坏死区,玻璃体被肉芽所替代。心包有圆形结节,腺胃壁增厚、有些有溃疡,小肠有结节。用腹腔液或组织涂片镜检可检出虫体。

(3)鸡黄曲霉毒素中毒与鸡肉毒梭菌毒素中毒的鉴别:二者均有 精神萎顿,打瞌睡,羽毛松乱,翅膀下垂,懒动等临床症状。并均有可视肠黏膜充血、出血等剖检病变。但二者的区别在于:鸡肉毒梭菌毒素中毒的病因是鸡吃了肉毒梭菌毒素污染的饲料而发病。病鸡头颈、眼睑、翅发生麻痹,重症时头颈平放在地,粪中含有多量尿酸盐。剖检喉气管有少量灰色带泡沫液体。用嗉囊内容物5克加生理盐水10毫升研制成悬液,于鸡左眼睑注射0.2毫升,48小时后左眼麻痹、半闭合,敲头时左眼不睁、右眼闭合自如,18小时后全部死亡。

(4)鸡黄曲霉毒素中毒与鸡呋喃类药物中毒的鉴别:二者均有减食,饮欲增加,行走不稳,角弓反张而死亡等临床症状。并均有胆囊扩张,肠有炎症等剖检病变。但二者的区别在于:鸡呋喃类药中毒的病因是鸡吃了超量呋喃类药物而发病。成年鸡头颈伸直或头颈反转做回旋运动,不断点头或颤动,或鸣叫作转圈运动。剖检可见口腔充满泡沫,有出血性肠炎,肠内容物呈黄色或混有药物。将内容物滴于滤纸上,加10%氢氧化钠1滴,有呋喃唑酮显红色,硝基呋喃妥因显橘子黄色并逐渐变橙红色,呋喃丙胺也显红色、加热水解后使pH试纸变蓝。

【防治措施】 黄曲霉毒素中毒目前尚无特效药物治疗,禁止使用发霉变质的饲料喂鸡是预防本病的根本措施。发现中毒后,要立即停喂发霉饲料,加强护理,使其逐渐康复。对急性中毒的雏鸡喂给5%的葡萄糖水,有微弱的保肝解毒作用。

五、磺胺类药物中毒

磺胺类药物是治疗鸡的细菌性疾病和球虫病的常用药物,应用方法不当会引起中毒。其毒性作用主要是损害肾脏,同时能导致黄疸、过敏、酸中毒和免疫抑制等。

【病因分析】 如果给药时,使用剂量过大,时间过长,或者混药过程搅拌不均匀,饲料或饮水局部药物浓度过大而使某些鸡采食过量药物,均可引起中毒。

【临床症状及病理变化】 若急性中毒,病鸡表现为精神兴奋,食欲锐减或废绝,呼吸急促,腹泻,排酱油色或灰白色稀便,成年鸡产蛋量急剧减少或停产。后期出现痉挛、麻痹等症状,有些病鸡因衰竭而死亡。慢性中毒常见于超量用药连续一周时发生,病鸡表现为精神萎靡,食欲减退或废绝,饮水增加,冠及肉髯苍白,贫血,头肿大发紫,腹泻,排灰白色稀便,成年鸡产蛋量明显下降,产软壳蛋或薄壳蛋。

剖检病死鸡可见皮肤、肌肉、内脏各器官表现贫血和出血,血液凝固不良,骨髓由暗红色变为淡红色甚至黄色。腺胃黏膜和肌胃角质层下可能出血。从十二指肠到盲肠都可见点状或斑状出血,盲肠中可能含有血液。直肠和泄殖腔也可见小的出血斑点。胸腺和法氏囊肿大出血。脾脏肿大,常有出血性梗死。心脏和肝脏除出血外,均有变性和坏死。肾脏肿大,输尿管变细,内有白色尿酸盐沉积。

【鉴别诊断】

(1)鸡磺胺类药物中毒与鸡包涵体肝炎的鉴别:二者均有精神委顿,羽毛松乱,冠髯苍白,生长不良,肝、肌肉有出血斑点等临床症状和剖检病变。但二者的区别在于:鸡包涵体肝炎的病原为禽腺病毒Ⅰ群。病鸡多在发病3~5天即成批死亡,持续3~5天即逐渐恢复正常,不发生腹泻。剖检可见肝色浅、质脆,肝细胞有大而圆、不规则形的嗜酸、嗜碱性核内包涵体。从细胞培养物中分离病原体,以荧光抗体检查可快速获得结果。

(2)鸡磺胺类药物中毒与鸡结核病的鉴别:二者均有精神委顿,羽毛松乱,冠髯苍白,贫血,腹泻,增重缓慢,产蛋下降等临床症状。但二者的区别在于:鸡结核病的病原为禽结核分枝杆菌。病鸡呆立不愿活动,进行性消瘦。剖检可见肺、脾、肝、肠系膜均有结节,切开内容物呈干酪样,涂片染色镜检可见结核分枝杆菌。

(3)鸡磺胺类药物中毒与鸡叶酸缺乏症的鉴别:二者均有生长停滞,贫血,白细胞减少,成年鸡产蛋量下降,肠道出血等临床症状和剖检病变。但二者的区别在于:鸡叶酸缺乏症的病因是日粮中叶酸缺乏所致。病鸡羽毛生长不良,色素缺乏,特征性伸颈、麻痹。死胚胎胫骨弯曲,肝、脾、肾缺血。

(4)鸡磺胺类药物中毒与鸡肿头综合征的鉴别:二者均有精神沉郁,头部肿大,产蛋下降等临床症状。但二者的区别在于:肿头综合征病鸡病初喷嚏,眼结膜潮红,头部肿,后延及肉髯。肉用种鸡还出现摇头斜颈,运动失调,角弓反张,鸡头上仰呈观星状。剖检可见鼻甲骨出血,头部皮下呈黄色水肿和化脓。用病料接种鸡或火鸡,能复制出肿头症状和病理变化。

【防治措施】 严格按要求剂量和时间使用磺胺类药物是预防本病的根本措施。无论是拌料还是饮水给药,一定要搅拌均匀。一般常用磺胺类药的混饲量为0.1%~0.2%,3~5天为一个疗程,一个疗程结束,应停药3~5天再开始下一个疗程。无论治疗还是预防用药,时间过长都会造成蓄积中毒。

由于磺胺类药物对鸡产蛋影响颇大,故在鸡群产蛋率上升阶段应慎重使用。

因为磺胺类药物的作用是抑菌而不是杀菌,所以在治疗过程中应加强饲养管理,提高鸡群抵抗力。用药之后要细心观察鸡群的反应,出现中毒则应立即停药,并给予大量饮水,可在饮水中加入 0.5%~1% 的碳酸氢钠或 5% 葡萄糖。在饲料中加入 0.05% 的维生素 K,水溶性 B 族维生素的量应增加 1 倍,内服适量维生素 C 以对症治疗出血。如此处理 3~5 天后,大部分鸡可恢复正常。

六、痢特灵中毒

　　痢特灵是呋喃类药物中毒性最小的一种,其毒性仅相当于呋喃西林(现已淘汰)的 1%,常用于防治鸡白痢、伤寒、副伤寒、球虫病等,但如果用药不当,也会发生中毒现象。

　　【病因分析】　临床给药时,使用剂量过大,时间过长,或者混药过程搅拌不均匀,饲料或饮水局部药物浓度过大而使某些鸡采食过量药物,均可引起中毒。

　　【临床症状及病理变化】　鸡痢特灵中毒后,有的表现兴奋不安,头颈反转,尖声鸣叫,运动失调,转圈,无目的向前奔跑。有的精神沉郁,闭眼缩颈,站立不稳,或丧失平衡而倒地,倒地后翅膀及腿硬直,甚至弓角反张。严重的病鸡在飞奔或转圈时突然倒地,抽搐死亡。一般在给药后 3~4 小时或数日后开始出现症状,中毒严重的在症状出现十多分钟后,即可倒地抽搐而死,有的可延至十多个小时后死亡。

　　剖检可见口腔黏膜黄染,腺胃、肌胃中有黄色黏液,肌胃内容物深黄色,角质膜易脱落,肠黏膜充血、出血,肠管浆膜面(外面)呈黄褐色。心包积液,心外膜有点状出血,心肌水肿、变性。肝脏有散在的充血、出血,有的可出现明显的肝周炎,胆囊肿大,充满胆汁。肾脏充血、出血颜色变深。

　　【鉴别诊断】

　　(1)鸡痢特灵中毒与鸡李氏杆菌病的鉴别:二者均有呆立,行动不稳,卧地双腿划动,头颈弯曲尖叫,腿部阵发痉挛,剖检可见出血性肠炎等临床症状和病理变化。但二者的区别在于:鸡李氏杆菌病的病原为李氏杆菌,病鸡下痢,冠髯发绀,皮肤发紫,两翅下垂,两腿软弱无力。剖检可见脑膜充血,心肌有坏死灶,心包积液,肝肿大呈土黄色、有瘀血和白色坏死灶、质脆易碎,脾肿大、呈黑红色,腺胃、肌胃出血,病料涂片、镜检可见"V"形排列的小杆菌。

(2)鸡痢特灵中毒与鸡维生素 B_1 缺乏症的鉴别:二者均有运动失调,搐搦,强直痉挛,角弓反张等临床症状。但二者的区别在于:鸡维生素 B_1 缺乏症的病因是日粮中维生素 B_1 缺乏所致。病鸡羽毛松乱,无光泽,贫血,消瘦,趾屈肌先麻痹而后延伸至腿肌。骨骼肌收缩无力。剖检可见皮肤广泛水肿,睾丸卵巢萎缩明显,心轻度萎缩,胃和肠壁萎缩。

(3)鸡痢特灵中毒与鸡弓形虫病的鉴别:二者均有厌食,走路摇摆,震颤,痉挛,角弓反张,歪头转圈等临床症状。但二者的区别在于:鸡弓形虫病的病原为弓形虫。病鸡消瘦,贫血,冠髯苍白,头颈伸直,后期发生麻痹。剖检心包有淡红色液,心包膜有圆形结节,前胃壁增厚、有溃疡,小肠有结节、明显增厚,肝脾有坏死灶。用腹腔液或组织涂片镜检可见到虫体。

(4)鸡痢特灵中毒与鸡黄曲霉毒素中毒的鉴别:二者均有食欲减退、饮欲增加,行走不稳,角弓反张至死,剖检可见胆囊肿大,肠有炎症等临床症状和病理变化。但二者的区别在于:鸡黄曲霉毒素中毒的病因是鸡吃了黄曲霉污染的饲料和饮水而发病。病鸡精神沉郁,缩头闭目,后期腿麻痹、跛行,有的角膜溃疡、坏死、化脓,粪稀且呈绿黑或血脓样。剖检可见口咽黏膜有黄色化脓灶,腺胃、肌胃交界处有溃疡,肝黄色、有结节状坏死,胆汁浓稠、有黄色干酪样或白色化脓灶,气管有干酪样坏死物。用紫外线照射可疑饲料,B 族毒素呈蓝紫荧光,G 族毒素为亮黄绿色荧光。

(5)鸡痢特灵中毒与鸡肿头综合征的鉴别:二者均有减食,沉郁,走路不稳,头颈反转,角弓反张等临床症状。但二者的区别在于:肿头综合征病鸡病初喷嚏,眼结膜潮红,头部肿,后延及肉髯。肉用种鸡还出现摇头斜颈,运动失调,角弓反张,鸡头上仰呈观星状。剖检可见鼻甲骨出血,头部皮下呈黄色水肿和化脓。用病料接种鸡或火鸡,能复制出肿头症状和病理变化。

【防治措施】 用药时要正确掌握用量,一般大群鸡预防量为0.01% ~ 0.02%拌料或饮水,治疗量为0.03% ~ 0.04%。拌料时,要先把片剂研碎,搅拌过程要均匀。饮水时,需先用少量水把药溶化加热,然后加水至所需浓度,以免药物沉淀。5 ~ 7天为一个疗程,如需再用,要在停药3 ~ 5天之后。长期连续使用会抑制鸡的生长。

若发现中毒后,要立即停药,喂服0.01%高锰酸钾水溶液或5%葡萄糖生理盐水,同时内服维生素 B_1 片剂,每只每次10毫克,每天2次,连用3天。

七、喹乙醇中毒

喹乙醇又称快育录,是一种广谱抗菌药物,可用于防治禽霍乱。此外,它还可以作为肉用仔鸡的饲料添加剂,具有抗菌助长、促进增重的作用,但如果使用不当,也常发生中毒。一般每千克体重喂90毫克将很快中毒死亡,每千克体重60毫克喂6天也能导致中毒死亡。

【病因分析】 临床给药时,使用剂量过大(如计算错误,重复用药等),时间过长,或者混药过程搅拌不均匀,饲料或饮水局部药物浓度过大而使某些鸡采食过量药物,均可引起中毒。

【临床症状及病理变化】 病鸡表现精神沉郁,羽毛松乱,食欲减退,或废绝,渴欲增加,有的鸡冠出现黄白色水疱,2天内破裂,然后变成青紫色,坏死,干枯,萎缩。粪便干燥呈短棒状。病后期蹲伏不起,极度衰竭,死前有的拍翅挣扎,鸣叫。

剖检可见腿肌有出血点或出血斑,肠外膜有少量针尖大小的出血点,嗉囊空虚,胃肠内容物呈淡黄色,腺胃与肌胃交界处黏膜、十二指肠黏膜出血,肝脏黄染,质脆易碎。肾肿大,紫黑色,有多量出血点。心脏扩张,心肌充血,质地坚硬,心包液增多。肺脏稍肿呈暗红色,有少量出血点。

【鉴别诊断】

(1)鸡喹乙醇中毒与鸡坏死性肠炎的鉴别:二者均有精神沉郁,食欲不振或废食,排黑色粪、间或含血等临床症状。但二者的区别在于:鸡坏死性肠炎的病原为魏氏梭菌。病鸡常不显症状而突然死亡。剖检尸体即有腐臭味,小肠肠腔扩大 2～3 倍,黏膜表面呈污黑或污黑绿色,内容物有泡沫和液体、呈血样或黑绿色,黏膜有坏死灶。将肠黏膜刮取物或肝触片镜检,可见粗短、两端钝圆的革兰氏阳性大杆菌。

(2)鸡喹乙醇中毒与鸡肌胃糜烂症的鉴别:二者均有厌食,排黑褐色软粪,剖检可见腺胃增厚,肠有炎症等临床症状和病理变化。但二者的区别在于:鸡肌胃糜烂症的病因是鱼粉超过日粮的15% 而发病,闭眼缩颈,蹲伏,倒提病鸡从口中流出黑色液体,喙趾褪色。剖检可见嗉囊扩张,充满黑色液体,腺胃乳头突起有黑色黏液,肌胃体积增大,胃壁变薄松软,内容物呈稀黑色,壁外观呈疣状或树皮样,后期皱襞先出现出血点,后扩为糜烂和溃疡,重时穿孔。

(3)鸡喹乙醇中毒与鸡脑脊髓炎的鉴别:二者均有精神沉郁,常蹲下,拍翅膀等临床症状。但二者的区别在于:鸡脑脊髓炎的病原为禽脑脊髓炎病毒。病鸡常以跗关节着地,驱赶时以跗关节走路并拍打翅膀,3 天后出现麻痹,头部震颤,部分存活鸡晶体混浊、失明。剖检可见脑膜充血、出血,肌胃肌层有散在灰白区,中枢神经无变性、肿大,脑、胰组织用荧光抗体技术可见黄绿色荧光。

【防治措施】　　注意喹乙醇的使用剂量和疗程,一般预防量是每千克饲料中加 25～30 毫克,治疗量是每千克饲料加 50 毫克,连用 2～4 天为一个疗程。在用药前要了解一下饲料是否已添加喹乙醇添加剂,防止重复加药。一旦中毒后,应立即停喂加药饲料,并供给充足的葡萄糖水和维生素 C 水溶液,可逐渐控制病情。

八、一氧化碳中毒

【病因分析】　冬季鸡舍特别是育雏舍常烧火炕、火墙、火炉取暖,若煤炭燃烧不完全时即可产生大量的一氧化碳,如果鸡舍通风不良,空气中一氧化碳浓度达到 0.04%～0.05% 就可引起中毒。

【临床症状及病理变化】　鸡一氧化碳中毒后,轻症者表现为食欲减退,精神萎靡,羽毛松乱,雏鸡生长缓慢;重症者表现为精神不安,昏迷,呆立嗜睡,呼吸困难,运动失调,死前出现惊厥。

病死鸡剖检可见血液、脏器呈鲜红色,黏膜及肌肉呈樱桃红色,并有充血及出血等现象。

【鉴别诊断】

(1)一氧化碳中毒与鸡李氏杆菌病的鉴别:二者均有精神委顿,呆立,毛粗乱,神志不清,阵发抽搐等临床症状。但二者的区别在于:鸡李氏杆菌病的病原为李氏杆菌,具有传染性。病鸡冠髯发绀,皮肤暗紫,两翅下垂,卧地不起、腿划动。剖检可见脑膜血管明显充血,心肌有坏死灶。肝肿大、呈土黄色、有紫色淤斑和白色坏死点。脾呈黑红色。血液或脏器涂片镜检可见排列"V"形革兰氏阳性的小杆菌。

(2)一氧化碳中毒与鸡镁缺乏症的鉴别:二者均有昏睡,短时间气喘,惊厥等临床症状。但二者的区别在于:鸡镁缺乏症的病因是日粮中镁缺乏所致。病鸡停止生长,受惊后出现短时间气喘、惊厥,并转入昏迷死亡。

【防治措施】　在生产中,应经常检查育雏室及鸡舍的采暖设备,防止漏烟倒烟。鸡舍内要设有通风孔,使舍内通风良好,以防一氧化碳蓄积。鸡一氧化碳中毒后,轻症者不需特别治疗,将病鸡移放于空气新鲜处,可逐渐好转。严重中毒时,应同时皮下注射生理盐水或等渗葡萄糖液、强心剂,以维护心脏与肝脏功能,促进其痊愈。

第六章　鸡其他普通病的
鉴别诊断与防治

一、雏鸡脱水

雏鸡脱水是指雏鸡出壳后,在第一次得到饮水之前,身体处于比较严重的缺水状态,它直接影响雏鸡的生长发育和成活率。

【病因分析】　种蛋保存期间失水过多;孵化湿度过小,使孵蛋失水过多;雏鸡出壳后未能及时得到饮水;在雏鸡运输过程中、运雏箱内密度过大,温度过高,造成雏鸡大量失水。

【临床症状】　脱水幼雏表现为身体瘦弱,体重减轻,绒毛与腿爪干枯无光泽,眼凹陷,缺乏活力。一般来说,雏鸡因脱水直接渴死的较少,多数在得到饮水后可逐渐恢复正常。但若失水严重,雏鸡则持续衰弱,抗病力差,死亡率增加。

【鉴别诊断】

(1)雏鸡脱水与营养性胚胎病的鉴别:鸡营养性胚胎病,如胚胎维生素 A 缺乏症、维生素 B_2 缺乏症、维生素 B_{12} 缺乏症、维生素 D 缺乏症等、也有出壳后身体瘦弱,体重减轻,绒毛与腿爪干枯无光泽,缺乏活力等临床症状。但剖检后,维生素 A 缺乏症可见肾脏肿胀,并有结晶盐类;维生素 B_2 缺乏症可见贫血,肾脏变性,轻度短肢,关节明显变形,颈部弯曲;维生素 B_{12} 缺乏症可见肝脏脂肪变性、出血,腿肌萎缩,心脏扩张、变形、出血;维生素 D 缺乏症可见足肢短,肝脏脂肪浸等病理变化。

(2)雏鸡脱水与雏鸡白痢的鉴别:二者均有雏鸡身体瘦弱,体重减轻,缺乏活力等临床症状。但二者区别在于,雏鸡白痢的病原为鸡白痢沙门菌。病死雏剖检可见肝肿大充血,胆囊扩张,充满多量胆汁;脾肿大充血;肾充血发紫或贫血变淡,肾小管因充满尿酸盐而扩张,使肾脏呈花斑状;盲肠内有白色干酪样物,直肠末端有白色尿酸盐。

(3)雏鸡脱水与雏鸡传染性脑脊髓炎的鉴别:二者均有雏鸡身体瘦弱,体重减轻,缺乏活力等临床症状。但二者区别在于,鸡脑脊髓炎的病原为鸡脑脊髓炎病毒(AEV),雏鸡出壳数天即陆续发病,常以跗关节着地,头颈部震颤,眼晶体混浊,失明,脑血管充血、出血。中枢神经元变性、肿大,树突和轴突消失。用荧光抗体试验(FA),阳性鸡的组织中可见黄绿色荧光。

【防治措施】

(1)种蛋保存期要短,一般不应超过7~10天。种蛋存放时间过久,使胚盘活力减弱,孵化率降低,失水也比较多,影响雏鸡体质。种蛋保存的相对湿度以75%~80%为宜。

(2)孵化器内相对湿度应保持55%~60%,出雏器内保持70%左右,不宜过于干燥。

(3)为了使雏鸡出壳的时间比较整齐,在24小时之内基本出完,不仅要求种蛋新鲜,大小比较均匀,而且孵化器内各部位的温差要求不超过0.5℃。如果限于条件,做不到这一点,出壳时间持续较久,对于出壳的雏鸡应在出壳后12~24小时给予饮水,但开食应由饲养场、户运回后进行。

(4)在运雏过程中,要尽量缩短运输时间,并防止运雏箱内雏鸡拥挤和温度过高。若雏鸡出壳已超过24小时,运到育雏舍后应抓紧开始饮水,并一直供水不断。如有失水比较严重的雏鸡,应挑出加强护理。

二、脂肪肝综合征

鸡脂肪肝综合征又称脂肝病,其特征是肝细胞中沉积大量脂肪,鸡体肥胖,产蛋减少,个别病鸡因肝功能障碍或肝破裂而死亡。

【病因分析】　造成鸡脂肪肝综合征的具体因素主要有以下几个方面。

(1)饲粮中玉米及其他谷物比例过大,糖类过多,而蛋白质,尤其是富含蛋氨酸的动物性蛋白质及胆碱、粗纤维等相对不足,失去平衡,造成能量过剩而产生的部分脂肪在肝细胞中蓄积。

(2)在鸡群营养良好、产蛋率处于高峰时,突然由于光照不足、饮水不足及其他应激因素,产蛋量较大幅度地下降,于是营养过剩,转化为脂肪蓄积。

(3)鸡体营养良好而运动不足,导致过于肥胖,使之肝细胞内蓄积脂肪。笼养鸡因为缺乏运动,发生本病的较多。

(4)饲料发霉,含有大量的黄曲霉毒素、会引起肝脏脂肪变性而导致发病。

【临床症状及病理变化】　鸡脂肪综合征多发于高产鸡群。鸡群发病时,大多数精神、食欲良好,但明显肥胖,体重一般比正常水平高出 20% ～25%,产蛋率明显下降,可由产蛋高峰时的 80%～90% 下降到 45%～55%。急性发病鸡常表现吞咽困难,精神萎靡,伸颈,并出现瘫痪、伏卧或侧卧。口腔内有少量黏液,冠髯苍白、贫血。死亡率一般在 5% 左右,严重时可达 80%。

剖检可见皮、肠管、肠系膜、腹腔后部、肌胃、肾脏及心脏周围沉积大量脂肪。肝脏肿大,呈灰黄色油腻状,质脆易碎,肝被膜下常有出血形成的血凝块。正常鸡肝脏含脂量为36%,患脂肪肝综合征时可高达55%。卵巢和输卵管周围也常见大量脂肪。

【鉴别诊断】

（1）鸡脂肪肝综合征与鸡脂肪肝和肾综合征的鉴别：二者均由于日粮中糖类过多而发病，均有嗜眠瘫痪症状和肝肿大、沉积脂肪等病变。但二者区别在于，鸡脂肪肝和肾综合征 3~4 周龄肉仔鸡发病率最高，麻痹由胸向颈蔓延，发育不良，喙周围发生皮炎，足趾干裂。剖检可见肝肿大、苍白，肝小叶有出血点，肾肿大、呈多种颜色，心肌苍白，心肌脂肪组织呈粉红色，肾近曲小管和肝中存在大量脂类。

（2）鸡脂肪肝综合征与鸡腹水综合征的鉴别：二者均由于日粮中能量过高而发病，均有腹大而柔软下垂、喜卧等临床症状。但二者区别在于，鸡腹水综合征的病因除日粮能量多、含脂肪和蛋白多外，缺氧、寒冷也为致病因素，以 3~5 周龄多发。病鸡腹部膨大，皮肤变薄发亮，穿刺腹部即流出液体，冠髯紫红，皮肤发绀。剖检可见皮下明显瘀血，腹腔积有大量纤维素或絮片的淡红或灰黄液（15 日龄雏鸡可达 400 毫升），肝肿大、呈紫红色或萎缩，表面凹凸不平，胸肌、骨骼肌充血。

【防治措施】 对发病鸡群中未发现症状的鸡，要喂饲低能量日粮，适当降低玉米的含量，增加优质鱼粉。提高蛋氨酸、胆碱、维生素 E、生物素、维生素 B_{12} 等成分的含量。可适当限饲，一般根据正常采食量限饲 8%~10%，产蛋高峰前限饲量要小，高峰过后限饲量可大些。添加 5% 的苜蓿粉和 20% 的麸皮有助于预防本病。

发病鸡治疗价值不大，应及时挑出淘汰。

三、笼养鸡产蛋疲劳征

笼养鸡产蛋疲劳征是笼养鸡多发的一种病症，常发生于产蛋高峰期，主要与日粮中钙、磷和维生素含量不足及环境条件有关。

【病因分析】 蛋鸡笼养对钙、磷等矿物质和维生素 D 的需要量比平地散养都相对高些,尤其鸡群进入产蛋高峰期,如果日粮中不能供给充足的钙、磷,或者钙、磷比例不当,满足不了蛋壳形成的需要,母鸡就要动用自身组织的钙,初期是骨组织的钙,后期是肌肉中的钙。这一过程常伴发尿酸盐在肝、肾内沉积而引起代谢机能障碍,影响维生素 D 的吸收,进而又造成钙、磷代谢障碍。另外,笼养鸡活动量小、鸡舍潮湿、舍温过高等,也是发生本病的诱因。

【临床及病理变化】　病初无明显异常,精神、食欲尚好,产蛋量也基本正常,但病鸡两腿发软,不能自主,关节不灵活,软壳蛋和薄壳蛋的数量增加。随着病情发展,病鸡表现精神萎靡,嗜睡,行动困难,常常侧卧。日久体重减轻,产蛋减少,腿骨变脆,易于折断。病情严重时可导致瘫痪和停产。剖检可见肋骨和胸廓变形,椎肋与胸肋交接处呈串珠状,腿骨薄而脆,有时也有肾肿胀、肠炎等病变。

【鉴别诊断】

(1)笼养鸡产蛋疲劳征与鸡锰缺乏症的鉴别:二者均有产蛋减少,行动困难、常以跗关节伏下等临床症状。但二者的区别在于:鸡锰缺乏症的病因是日粮中锰缺乏。病鸡骨粗短,排肠肌腱脱出骨槽,胚胎体躯短小,腿粗短,头呈圆球样,喙短弯如鹦鹉嘴。

(2)笼养鸡产蛋疲劳征与鸡蛋白质缺乏症的鉴别:二者均有产蛋减少,行动迟缓、体重减轻等临床症状。但二者的区别在于:蛋白质缺乏症病剖检后,一般除可见冠髯苍白、贫血,严重者胸骨变形外,其他内脏器官病变不明显。

(3)笼养鸡产蛋疲劳征与鸡减蛋综合征的鉴别:二者均有产蛋减少,行动迟缓、体重减轻等临床症状。但二者的区别在于:鸡减蛋综合征为病毒性传染病,其病原为腺病毒,具有传染性。病鸡群在产蛋率下降的同时,可见大量薄壳蛋、软壳蛋、无壳蛋、畸形蛋等,剖检可见卵巢、输卵管萎缩,卵壳腺表层上皮细胞产生核内包涵体。血凝试验(HI)和酶联免疫吸附试验(ELISA)、免疫斑点试验(IB)可以检定。

(4)笼养鸡产蛋疲劳征与其他鸡减蛋性传染病的鉴别:有些传染病均表现为精神不振,产蛋减少,与笼养鸡产蛋疲劳征相似。但二者致病因素不同,笼养鸡产蛋疲劳征由营养因素和环境条件所引起,而鸡传染病则由病原微生物引发,具有传染性,实验室检查可检出相应病原。

【防治措施】

(1)笼养蛋鸡的饲粮中钙、磷含量要稍高于平养鸡,钙不低于3.2%~3.5%,有效磷保持0.4%~0.42%,维生素 D 要特别充足,其他矿物质、维生素也要充分满足鸡的需要。

(2)上笼鸡的周龄宜在 17~18 周龄,在此之前实行平养,自由运动,增强体质,上笼后经 2~3 周的适应过程,可以正常开产。

(3)鸡笼的尺寸一般分为轻型鸡(白壳蛋系鸡)和中型鸡(褐壳蛋系鸡)两种,后者不可使用前者的狭小鸡笼。

(4)舍内保持安静,防止鸡在笼内受惊挣扎,损伤腿脚。夏季舍内温度应控制在 30 ℃以下。

(5)对病情严重的鸡可从笼中取出,地面平养,并喂以调整好的饲料,待健康状况基本恢复后再放回笼中饲养。

四、痛　风

痛风是以病鸡内脏器官、关节、软骨和其他间质组织有白色尿酸盐沉积为特征的疾病。可分为关节型和内脏型两种。

【病因分析】　　禽类从食物中摄取的蛋白质,在代谢过程中产生的废物,不像哺乳动物那样是尿素,而是尿酸。鸡摄取的蛋白质过多时,血液中尿酸浓度升高,大量尿酸经肾脏排出,使肾脏负担加重,受到损害,功能减退,于是尿酸排泄受阻,在血液中浓度升高,形成恶性循环,结果发生尿酸中毒,并生成尿酸盐在肾脏、输尿管等许多部位沉积。

鸡日粮在含钙过多时,常在体内生成某些钙盐,如草酸钙等,经肾脏排泄,日久会损害肾脏;饲料中维生素 A 不足,会使肾小管和输尿管和黏膜角化、脱落,造成尿路障碍。在这些情况下,血液中尿酸浓度即使比较正常也不能顺利排出,同样能引起痛风。

在饲养实践中,本病的具体病因主要有以下几个方面。

(1)饲料中蛋白质含量过高,例如达30%以上,或者在正常的配合饲料之外,又喂给较多的肉渣、鱼渣等,持续一段时间常引起痛风。

(2)鸡在 18 周龄以内,日粮中钙的含量有 0.9% 即可,如果喂产蛋鸡的饲料,含钙达 3% ~ 3.5% ,一般经 50 ~ 60 天即发生痛风。

(3)饲粮中维生素 A 和维生素 D 不足,会促使痛风发生。

(4)育雏温度偏低,鸡舍潮湿,饮水不足,笼养鸡运动不足,也会引起痛风。

(5)磺胺类药用量过大或用药期过长,造成肾脏机能障碍,引起痛风。

(6)鸡碳酸氢钠中毒和球虫病、白痢病、白血病等,会损害肾脏,引起痛风。

【临床症状及病理变化】　　本病大多为内脏型,少数为关节型,有时两型混合发生。

(1)内脏型痛风:病初无明显症状,逐渐表现精神不振,食欲减退,消瘦,贫血,鸡冠萎缩苍白,粪便稀薄,含大量白色尿酸盐,呈淀粉糊样。肛门松弛,粪便经常不由自主地流出,污染肛门下部的羽毛。有时皮肤瘙痒,自啄羽毛。剖检可见肾肿大,颜色变淡,肾小管因蓄积尿酸盐而变粗,使肾表面形成花纹。输尿管明显变粗,严重的有筷子甚至香烟粗,粗细不匀,坚硬,管腔内充满石灰样沉淀物。心、肝、脾、肠系膜及腹膜等,都覆盖一层白色尿酸盐,似薄膜状,刮取少许置显微镜下观察,可见到大量针状的尿酸盐结晶。血液中尿酸及钾、钙、磷的浓度升高,钠的浓度降低。

内脏型痛风如不及时找出病因加以消除,会陆续发病死亡,而且病死的鸡逐渐增多。

(2)关节型痛风:尿酸盐在腿和翅膀的关节腔内沉积,使关节肿胀疼痛,活动困难。剖检可见关节内充满白色黏稠液体,有时关节组织发生溃疡、坏死。通常鸡群发生内脏型痛风时,少数病鸡兼有关节病变。

【鉴别诊断】

(1)鸡痛风与鸡病毒性关节炎的鉴别:二者均有食欲减退,消瘦,贫血,关节肿胀,跛行等临床症状。但二者的区别在于:鸡病毒性关节炎是病毒性传染病,其病原为呼肠孤病毒,具有传染性。病鸡喜坐于关节上,驱赶时勉强走动,重时单脚跳。剖检可见关节腔呈淡红色,滑膜囊充血、出血,关节腔有黄色或血色干酪样渗出物。酶联免疫吸附试验双抗体夹心法有较高特异性和敏感性。

(2)鸡痛风与鸡滑液支原体感染的鉴别:二者均有关节肿胀,跛行,冠苍白,贫血,消瘦,粪中有大量尿酸和尿酸盐等临床症状。但二者的区别在于:鸡病毒性关节炎是传染病,其病原为滑液支原体,具有传染性。病鸡关节热肿、疼痛,呼吸型还有喷嚏、咳嗽,流鼻液。剖检可见腱鞘、滑膜、骨关节发炎、有渗出干酪样物,关节软骨糜烂。严重时头顶、颈上方出现干酪样物,肝脾巨大。用0.02毫升的血清与等量抗原在玻璃板上混合,将玻璃板轻微转动观察凝集反应。

(3)鸡痛风与鸡钙磷缺乏和比例失调症的鉴别:二者均有关节肿大、跛行,生长缓慢,有的拉稀等临床症状。但二者的区别在于:鸡钙磷缺乏和比例失调症的病因是日粮中钙磷含量不足或比例失调。病鸡走路僵硬,雏鸡喙爪弯曲,肋骨末端有串珠状小结节,产薄壳蛋、软壳蛋。后期胸骨呈"S"状弯曲。剖检可见骨体变薄、易折断。

(4)鸡痛风与鸡弓形虫病的鉴别:二者均有厌食,消瘦贫血,冠苍白,排白色稀粪,步态不稳等临床症状。但二者的区别在于:鸡弓形虫病的病原为弓形虫。病鸡震颤,痉挛性收缩,角弓反张,歪头转圈。剖检可见心室轻度扩张,心包有红色液体,外有圆形结节,腺胃壁增厚有溃疡。小肠有结节且明显增厚,肝肿大、有凝固性坏死。用腹腔液涂片可见虫体。

(5)鸡痛风与鸡葡萄球菌病(关节炎型)的鉴别:二者均有关节肿胀,跛行,消瘦,不愿走动等临床症状。但二者的区别在于:鸡葡萄球菌病是细菌性传染病,病原为葡萄球菌,具有传染性。多发生在趾跖、呈紫红或紫黑色,有的破溃并结黑痂或趾瘤。有的趾发生坏死,呈紫黑色干涩。用关节液涂片镜检,可见多量的葡萄球菌。

【防治措施】　对于发病鸡,使用药物治疗效果不佳,只能找出并消除病因,防止疾病进一步蔓延。为预防鸡痛风病,应适当保持饲粮中的蛋白质,特别是动物性蛋白质饲料含量,补充足够的维生素,特别是维生素 A 和胆碱的含量。在改善肾脏机能方面要多注意对其影响的因素,如创造适宜的环境条件,防止过量使用磺胺类药物等。据资料介绍,用中草药治疗有一定疗效,方法为:车前草、金钱草、金银草、甘草各等份煎水,加入 1.5% 红糖,连饮 3~5天。

五、嗉囊炎

【病因分析】　本病又称软嗉症,多发于幼鸡,以 2~7 日龄的雏鸡较多发。成年鸡和青年鸡虽也有发生,但较雏鸡少。其发病原因,主要是平时饲养管理不当引起的,如舍温经常过低或者忽高忽低,饲料突然变换使鸡难以适应,喂给的饲料腐败、发霉、变质等。此外,一些慢性疾病、内脏疾病和传染病也能诱发本病。

【临床症状】 病鸡表现嗉囊膨大,似像皮球,其中充满白色或黄色液体,触之有波动感,捉住鸡倒提时,可从口中流出液体,故称之为"水胀"。也有的病鸡嗉囊中主要充满气体,称之为"气胀"。本病除嗉囊有明显症状之外,病鸡还常表现食欲减退或废绝,羽毛蓬乱,精神萎靡,不愿走动,行走和叫声都显得虚弱无力。有时还出现呕吐、狂饮和下痢等症状。

【鉴别诊断】

(1)鸡嗉囊炎与鸡新城疫的鉴别:二者均有食欲减退或废绝,羽毛蓬乱,精神萎靡,嗉囊胀气等临床症状。但二者的区别在于:鸡新城疫是病毒性传染病,其病原为鸡新城疫病毒,具有传染性。病鸡体温升高,呼吸困难,常见伸头颈,张口呼吸。同时,喉部发出"咯咯"的声音,有时打喷嚏,常拉黄色、绿色和灰色恶臭稀便。重者表现明显的神经症。剖检可见全身黏膜、浆膜出血。食管黏膜呈斑点状或条索状出血,腺胃黏膜水肿,腺胃乳头顷端出血,在腺胃与肌胃或腺胃与食管交界处有带状或不规则的出血斑点。十二指肠及整个小肠黏膜呈点状、片状或弥漫性出血,两盲肠扁桃体肿大、出血、坏死。取鸡胚尿囊液做血凝试验和血凝抑制试验,尿囊液能凝集鸡的红血球,且新城疫免疫血清能抑制这种凝集作用。

(2)鸡嗉囊炎与鸡念珠菌病的鉴别:二者均有食欲减退,羽毛蓬乱,精神萎靡,嗉囊胀大等临床症状。但二者的区别在于:鸡念珠菌病是细菌性传染病,其病原为念珠菌,具有传染性。病鸡剖检可见口腔、咽部、上颚、食管尤其是嗉囊有小白点,病程稍长者白点扩大形成灰白色、黄色或褐色干酪样物或伪膜,剥离时可见糜烂或溃疡。腺胃黏膜肿胀、出血,表面附有脱落的上皮细胞和黏液。取培养物涂片,染色镜检,则可见椭圆形的革兰氏阳性念珠菌。

(3)鸡嗉囊炎与鸡呋喃类药物中毒的鉴别:二者均有食欲减

退或废绝,羽毛蓬乱,精神萎靡,嗉囊胀气等临床症状。但二者的区别在于:鸡呋喃类药中毒的病因是鸡吃了超量呋喃类药物而发病。成年鸡头颈伸直或头颈反转做回旋运动,不断点头或颤动,或鸣叫作转圈运动。剖检可见口腔充满泡沫,有出血性肠炎,肠内容物呈黄色或混有药物。将内容物滴于滤纸上,加 10% 氢氧化钠 1 滴,有呋喃唑酮显红色,硝基呋喃妥因显橘子黄色并逐渐变橙红色,呋喃丙胺也显红色、加热水解后使 pH 试纸变蓝。

【防治措施】 要加强鸡群的饲养管理,维持适宜的育雏温度,保证饮水充足、清洁,不喂霉败、变质的饲料,并注意饲料合理搭配,使之易于消化吸收。

治疗时,比较大一些的鸡,可将其倒提,轻轻挤压嗉囊,使嗉囊内的液体和气体经口排出,再灌入 0.2% 的高锰酸钾溶液或 1.5% 的小苏打(碳酸氢钠)溶液,灌至嗉囊膨大时,揉捏嗉囊一二分钟,再倒提排出药液,口服土霉素半片至一片,大蒜瓣一小片。此法可隔日再进行一次。对于雏鸡,除更换饲料外,可饮用 0.01% ~ 0.02% 的新鲜高锰酸钾溶液;口服少许土霉素片和加 10 倍水的大蒜汁,还可用较细的注射针头刺嗉囊几下,促其收缩。

六、肌胃糜烂

鸡肌胃糜烂是由多种致病因素引起的一种消化道疾病。其特征为病鸡呕吐黑色物,肉眼可见肌胃角质膜糜烂、溃疡。

【病因分析】 引起本病的主要原因,是饲粮中的鱼粉质量低劣或数量过多。鱼粉中都含有一些组胺及其化合物,不同的鱼粉含量不等,组胺在鸡饲粮中的含量达 0.4% 可引起典型的肌胃糜烂。如果鱼粉腐败、发霉、变质和掺假,会含有多种有害物质,协同引起肌胃糜烂。饲料中缺乏维生素 E、维生素 K、维生素 B_6、维生素 B_{12} 及硒、锌等,以及鸡群拥挤、卫生条件不佳,都会促进本病的发生。发病多见于 5 月龄以内的雏鸡和青年鸡。

一般来说,劣质鱼粉在饲粮中占 5% 以上,就可能引起肌胃糜烂;质量较好的鱼粉如果用量过大,在饲料中占 15% 以上,也会引起肌胃糜烂。

【临床症状及病理变化】　本病一般在饲喂劣质鱼粉或过量鱼粉 5~10 天之后出现症状。病鸡食欲减退或废绝,羽毛松乱,行动迟缓,闭目缩颈,喜蹲伏。呕吐黑褐色样物,嗉囊外观多呈淡黑色,故俗称"黑嗉子"病。排稀便,重者排褐色软便。喙褪色,冠苍白、萎缩,腿脚黄色素消失。本病直接死亡虽然比较少,但日久营养不良,体质衰弱,易感染传染病和寄生虫病,就会造成较大损失。

剖检可见嗉囊扩张,有多量黑色液体,腺胃、肌胃及肠道及肠道内容物呈暗棕色或黑色。肌胃内缺少砂粒,角质膜病初增厚、粗糙,继而糜烂、溃疡,严重时肌胃较薄处穿孔。十二指肠有轻度出血性炎症。

【鉴别诊断】　(1)鸡肌胃糜烂与鸡新城疫的鉴别:二者均有厌食、毛松乱,闭目缩颈,嗉囊膨满,倒提从口中流出液体,拉稀等临床症状。但二者的区别在于:鸡新城疫是病毒性传染病,其病原为鸡新城疫病毒,具有传染性。病鸡冠髯紫黑或暗红,翅下垂,口鼻分泌物增多、常甩头张口呼吸并发出"咯咯"声,倒提从口中流出酸臭液(不是黑色)。排黄绿或黄白色稀粪、混有血液、有恶臭。剖检全身黏膜、浆膜出血、淋巴肿胀出血和坏死。腺胃水肿、乳头和乳头间有出血点或溃疡和坏死,小肠至盲肠黏膜有出血点、纤维素性坏死。取尿囊液与 10% 红细胞悬液作凝集试验即确定。

(2)鸡肌胃糜烂与鸡坏死性肠炎的鉴别:二者均有毛粗乱、厌食、排黑色粪等临床症状和肠黏膜发炎坏死等剖检病变。但二者的区别在于:鸡坏死性肠炎是细菌性传染病,其病原为魏氏梭菌,具有传染性。病鸡常突然发病,不显症状即死亡,排粪间或有血便,嗉囊不膨大,倒提不从口中流液体。剖开尸体即有腐臭气。小肠扩张、充满气体,比正常大 2～3 倍,肠壁增厚,肠道表面呈污黑或污黑绿色,肠腔有泡沫血样或黑色液体。刮取肠黏膜或肝触片镜检,可见革兰氏阳性粗短、两极钝圆的大杆菌。

(3)鸡肌胃糜烂与鸡喹乙醇中毒的鉴别:二者均有毛粗乱、厌食,排黑褐粪等临床症状和肌胃增厚,肠有炎症等剖检病变。但二者的区别在于:鸡喹乙醇中毒是因鸡摄取喹乙醇过量而发病。患鸡病后期昏迷,一般昏迷后 12 小时死亡。剖检嗉囊充满食物。

【防治措施】

(1)选用优质鱼粉,且在饲粮中鱼粉含量不应超过 10%。

(2)日粮中各种维生素和微量元素要充足,饲养密度不要过大,搞好舍内卫生,消除本病的诱因。

(3)对病鸡立即更换饲料,这样经 3～5 天一般可控制病情,并渐趋康复。

七、初产母鸡瘫痪症

商品蛋鸡群在开产初期一段时间内,常有部分鸡发生一种以瘫痪为主要特征的病症,称为初产母鸡瘫痪症。

【病因分析】　有人从病死鸡的脏器中分离到大肠杆菌,故认为本病是因为感染大肠杆菌所致;也有人认为是因维生素 A、维生素 D 缺乏,或钙、磷缺乏,或输卵管炎症所致。

上述病因均可导致鸡的瘫痪,但有人观察认为:在显然不存在上述病因的前提下,仍有本病发生。更明显的事实是在有运动场的鸡场或饲养密度很低的鸡群,无本病发生。为此觉得本病症的发生,主要是因为在育成期缺乏足够的运动,所以在开产时部分鸡显得产蛋无力,或者是因为部分鸡体质弱,不能适应初产这一强烈的应激。当鸡产下第一枚蛋就犹如过了一道难关,以后再产就容易得多。在临床观察上也证明,往往是在产第一枚蛋或产较大的蛋时才发生瘫痪症。至于输卵管炎可能是因蛋在输卵管后段滞留时间过长而引发,部分鸡发生腹膜炎可能是在抵抗力降低的情况下继发大肠杆菌病所导致。

【临床症状及病理变化】　　发病鸡群除表现有些鸡瘫痪外,部分鸡还有类似维生素 B_2 缺乏引起的蜷趾麻痹症(脚趾向内弯曲)。每日发生率为 0.2% ~ 0.5%,持续 2 周左右。

剖检病死鸡可见输卵管中有成熟的蛋或软壳蛋,输卵管后段有炎症,有时还可见腹膜炎。

【鉴别诊断】

(1)初产母鸡瘫痪症与鸡脑脊髓炎的鉴别:二者均有精神萎靡,厌食,羽毛松乱,瘫痪等临床症状。但二者的区别在于:鸡脑脊髓炎是病毒性传染病,其病原为鸡脑脊髓炎病毒,具有传染性。病鸡常以跗关节着地,头颈部震颤,眼晶体混浊,失明,脑血管充血、出血。中枢神经元变性、肿大,树突和轴突消失。外周神经无病变。用荧光抗体试验(FA),阳性鸡的组织中可见黄绿色荧光。

(2)初产母鸡瘫痪症与鸡李氏杆菌病的鉴别:二者均有精神萎靡,厌食,羽毛松乱,瘫痪等临床症状。但二者的区别在于:鸡李氏杆菌病是细菌性传染病,其病原为李氏杆菌,具有传染性。病鸡消瘦,下痢,粪便呈白绿色。病后期斜颈或仰头,共济失调,痉挛。剖检可见肝脏肿大,呈土黄色或绿色,有黄白色坏死点和深紫色瘀斑,胆囊肿大充满胆汁。脾肿大,呈斑驳状,颜色深。心包液增多,心肌变性和坏死,血管充血明显。肌胃角膜出血。

(3)初产母鸡瘫痪症与鸡链球菌病的鉴别:二者均有精神萎靡,厌食,羽毛松乱,瘫痪等临床症状。但二者的区别在于:鸡链球菌病是细菌性传染病,其病原为链球菌,具有传染性。病鸡冠髯苍白,跗趾关节肿大、跛行。足底皮肤组织坏死。有的羽翅发炎、流分泌物,结膜炎,流泪。剖检可见肝呈暗紫色,脾有出血性坏死,肺瘀血、水肿,喉干酪样坏死,气管、支气管充满黏液。用肝、脾血液涂片,美蓝、瑞氏或革兰氏染色镜检,可见到蓝紫色或革兰氏阳性单个或短链排列的球菌。

(4)初产母鸡瘫痪症与鸡一氧化碳中毒的鉴别:二者均有精神萎靡,厌食,羽毛松乱,瘫痪等临床症状。但二者的区别在于:鸡一氧化碳中毒的病因是鸡舍内一氧化碳过多所致。病鸡流泪呕吐,重时昏睡,死前痉挛或惊厥。剖检可见血管及脏器内血液鲜红,心肌纤维坏死。

(5)初产母鸡瘫痪症与鸡维生素 B_2 缺乏症的鉴别:二者均有精神萎靡,厌食,羽毛松乱,瘫痪等临床症状。但二者的区别在于:鸡维生素 B_2 缺乏症一般发生于雏鸡。在 2 周龄至 1 月龄之间。病鸡具有特征性的症状是脚趾向内弯曲,中趾尤为明显两腿不能站立,以飞节着地,当勉强以飞节移动时,常展翅以维持身体平衡。剖检可见坐骨神经和臂神经肿大变软,胃肠壁很薄,肠内有多量泡沫状内容物,肝脏较大而柔软,含脂肪较多。

【治疗方法】　除及时将瘫痪鸡与大群隔离饲养并帮助排出腹中蛋以外,饲料中应加倍添加维生素 B_1、维生素 B_2,同时应适当使用抗菌药物(如氟喹诺酮类药物)以控制输卵管炎等疾病的感染。

(1)2.5%恩诺沙星注射液,每千克体重肌内注射 0.1 毫升,一般 1 次即可;重症者可重复注射 1 次。

(2)奥福欣,每 100 毫升加水 80 千克,饮用 3 天。

(3)强力抗,每瓶加水 50 千克,任其自饮,连饮 3~5 天。

(4)氯霉素、庆大霉素、卡那霉素等,它们均可用来防治继发感染。

八、肉鸡猝死综合征

肉鸡猝死综合征又称暴死症或急性死亡综合征,是一种急性病,以肌肉半满、外观健康的肉鸡突然死亡为特征,死鸡背部着地,两脚朝天,脖颈歪曲,用多种药物防治无效。

【病因分析】　目前国内外对本病的研究比较多,但对其致病因素还不十分清楚。一般认为,本病是一种代谢病,导致发病的主要原因有以下3个方面。

(1)日粮营养水平过高。

(2)体内酸碱平衡失调。

(3)低血钾引起血管功能变化,导致突发性心力衰竭而死亡。

【流行特点】

(1)本病在不同日龄的肉用仔鸡有两个发病高峰,即3周龄左右和8周龄左右多发;种鸡以开产前后为发病高峰。肉用仔鸡发病80%为雄性,且以所属群中体重较大的多发;种鸡雌雄发病基本一致,发病率低于肉用仔鸡。

(2)本病一年四季均可发生,但以夏、冬季发病较多。

(3)本病发病急,表现为突发性死亡,发病鸡群死亡率为2%~5%、惊吓、噪音、饲喂活动及气候突变等外界应激因素均可增加死亡。

【临床症状】　在发病前,鸡群无明显征兆,采食,运动等均正常,有的病鸡群表现安静,饲料消耗降低,鸡的面部较湿润。发病初期,大部分是在给食时死去,任何惊扰和刺激都可引起死亡,那些应激敏感鸡,受到惊吓时死亡率最高。所有患鸡都是突然发病,特征是失去平衡,翅膀剧烈扇动及肌肉痉挛,从丧失平衡到死亡的间隔时间很短,一般只有1分钟左右,有的鸡发作时狂叫或尖叫。此外,在开始失去平衡时向前或向后跌倒,呈仰卧或腹卧,在翅膀剧烈扇动时能够翻转。死后多数为两腿朝天。背部着地,颈部扭转。

【病理变化】　急性发病的鸡,冠髯充血,体质健壮,肌肉丰满,剖检可见消化道特别是嗉囊和肌胃充满食物,肺弥散性充血,气管内有泡沫状渗出物,心脏稍扩张,心房充满血凝块,心室紧缩无血。成年鸡,泄殖腔、卵巢及输卵管严重充血,心房明显扩张,心房比正常鸡大几倍,并伴有心包渗出液,偶见纤维素渗出物,十二指肠扩张,无色,内含物苍白似奶油状。腹膜和肠系膜血管充血,静脉怒张。肝脏轻度肿大,质脆,色苍白,胆囊空虚,肾浅灰色或苍白色。脾、甲状腺和胸腺全部充血,胸肌、腹肌湿润苍白。

【综合诊断】　目前对肉鸡猝死综合征尚无特异性诊断方法,只能通过综合判断而确诊。一般认为,在排除细菌、病毒感染及有毒物质中毒的情况下,如果鸡营养状况良好,突然死亡,消化道中积有刚食入的食物,肺脏淤血,胆囊空虚,嗉囊及腺胃无异常变化,结合心房有血凝块,但无血栓即可做出诊断。

归纳起来,本病的诊断要点有以下几个方面。

(1)外观健康,生长发育良好,死后出现明显的仰卧姿势。

(2)无确诊的传染病和挤压致死迹象。

(3)肠道充盈,嗉囊及肌胃充满刚刚采食的饲料,胆囊缩小或空虚。

(4)呼吸困难,肺淤血,水肿。

(5)循环障碍明显,心房扩张淤血,心室紧缩。

(6)后股静脉淤血,扩张。

【鉴别诊断】

(1)肉鸡猝死综合征与急性鸡新城疫的鉴别:二者均有突然发病、痉挛等临床症状。但二者的区别在于:鸡新城疫是病毒性传染病,其病原为鸡新城疫病毒,具有传染性。病鸡剖检可见其腺胃及小肠黏膜出血等典型病变,产蛋鸡群的产蛋量下降更为严重。取鸡胚尿囊液做血凝试验和血凝抑制试验,尿囊液能凝集鸡的红血球,且新城疫免疫血清能抑制这种凝集作用。

(2)肉鸡猝死综合征与急性禽霍乱的鉴别:二者均有突然发病、痉挛等临床症状。但二者的区别在于:禽霍乱是细菌传染病,其病原为多杀性巴氏杆菌,具有传染性。病鸡体温升高至 43～44 ℃,口鼻常常流动许多黏性分泌物。剖检可见心冠状沟部密布出血点,似喷洒状。心包变厚,心包液增加、混浊。肺充血、出血。肝肿大,变脆,呈棕色或棕黄色,并有特征性针尖大或粟粒大的灰黄色或白色坏死灶。肌胃和十二指肠黏膜严重出血,整个肠道呈卡他性或出血性肠炎,肠内容物混有血液。病料压片、染色、镜检,可检出巴氏杆菌。

　　【防治措施】　目前对本病尚无理想的治疗方法,有些研究表明,在饲料中按 0.36% 浓度加入碳酸氢钾进行治疗,能使死亡率显著降低。

　　预防本病应采取一些综合措施,如改善饲养管理,控制饲料中能量和蛋白质给量,增加维生素含量(尤其是 V_A、V_D、V_E、V_{B1}、V_{B6} 和生物素),防止一些应激因素。可有效地控制本病的发生。

九、肉鸡腹水综合征

　　肉鸡腹水综合征是近年来新出现的肉鸡的几种重要综合征之一,它以明显的腹水、右心扩张、肺充血、水肿以及肝脏病变为特征。

　　【病因分析】　引起肉鸡腹水综合征的病因较复杂,但概括起来,主要有以下几个方面。

　　(1)遗传因素:肉鸡对能量和氧的消耗量多,尤其在 4～5 周龄,是肉用仔鸡的快速生长期,易造成红细胞不能在肺毛细血管内通畅流动,影响肺部的血液灌注,导致肺动脉高血压及其后的右心衰竭。

　　(2)慢性缺氧:饲养在高海拔地区的肉鸡,由于空气稀薄,氧的分压低,或者在冬季门窗关闭,通风不良,二氧化碳、氨、尘埃浓度增高导致氧气减少,因慢性缺氧易引起肺毛细血管增厚、狭窄,肺动脉压升高,出现右心肥大而衰竭。此外,天气寒冷,肉鸡代谢率增高,耗氧量大,腹水综合征的死亡率明显增加。

(3)饲喂高能日粮或颗粒料:在高海拔地区,饲喂高能日粮,(12.97兆焦/千克)的0~7日龄肉鸡腹水综合征发病率比喂低能日粮(0.92兆焦/千克)鸡高4倍。饲喂颗粒料,使肉鸡采食量增加,可导致因消耗能量多、需氧多而发病。

(4)继发因素:如某些营养物质的缺乏或过剩(如硒和维生素E缺乏或食盐过剩),环境消毒药剂用量不当,呋喃唑酮、莫能霉素过量或霉菌毒素中毒等,均可导致肉鸡腹水综合征。

【流行特点】

(1)季节:本病多发于冬季加早春,这与冬春舍内饲养、通风不良而造成缺氧有关。

(2)日龄:本病多发于4~5周龄,这与此时正值肉用仔鸡快速生长有关。

(3)品种与性别:虽然本病在各类家禽中均有发生,但最多发、最常见的是肉用仔鸡,特别是快速生长的肉鸡。通常在发病鸡中公鸡占有较高的比例,这与其生长快、耗能高、需氧多有关。

【临床症状】　　发病初期病鸡表现精神沉郁、食欲减退或废绝,个别鸡排白色稀便,随后很快(1天左右)发展为"大肚子",即腹部高度膨大,不能维持身体的正常平衡状态,站立困难,以腹部着地呈企鹅状;行动困难,只能两翅上下扇动。腹部皮肤发紫,用手触摸腹部软如水袋状,有明显波动感。

【病理变化】　　死雏外表消瘦,羽毛污浊,个别病例肛门周围羽毛被粪便污染。腹部膨大软如水袋。剖开腹腔可见大量淡黄色腹水,10日龄以内死亡者腹水量在100~200毫升之间,卵黄吸收不全如软肥皂状;15日龄以后死亡者腹水量在400毫升以上,内含枣大至核桃大淡黄色、半透明胶冻样物质,表面覆有一层淡黄色纤维蛋白薄膜。肝脏高度肿大,紫红或微蓝紫色,表面有一层淡黄色胶冻状薄膜,揭去薄膜可见肝脏有大小不等的点状或片状白色区。胸腔、心包也有积液,并有淡黄色薄膜状胶冻性渗出物,心脏表面有白点状小病灶,心腔内有凝固良好的血凝块。

【鉴别诊断】

(1)肉鸡腹水综合征与鸡葡萄坏菌病(败血型)的鉴别:二者均有毛粗乱,皮肤发紫,翅下垂,不愿动等临床症状。剖检均可见皮下瘀血,肝肿大、微呈紫红,心包有积水。但二者的区别在于:鸡葡萄坏菌病是细菌性传染病,其病原为葡萄坏菌,具有传染性。病鸡精神沉郁,缩颈闭眼,排灰白或黄绿色稀粪,大腿内侧皮下水肿、呈紫色或褐紫色,局部羽毛一捋即掉,破溃后流紫红或茶色液体。本病多发于中鸡2~3天死亡。胸骨处肌肉有出血斑或出血条纹,肝脾有白色坏死灶,腹腔脂肪、肌胃浆膜可见紫红色水肿或充血,肝脾涂片镜检可见多量葡萄球菌。

(2)肉鸡腹水综合征与鸡维生素 E-硒缺乏症(渗出性素质)的鉴别:二者均有精神沉郁,生长停滞,喜躺卧,站立困难,腹部水肿,运步艰难等临床症状。剖检均可见皮下瘀血,心扩张,心包积液。但二者的区别在于:鸡维生素 E-硒缺乏症的病因是维生素 E、硒缺乏。病鸡腹部主要是皮下水肿、出现蓝绿色,穿刺后流蓝绿色液,冠髯苍白,排水样稀粪。剖检可见水肿处有黄绿色胶样渗出物或纤维蛋白凝结物。

(3)肉鸡腹水综合征与鸡脂肪肝综合征的鉴别:二者发病均与高能量日粮有关。均有腹大、软绵下垂,喜卧等临床症状。但二者的区别在于:鸡脂肪肝综合征的病因是饲料能量过多导致过度肥胖。病鸡腹部膨大,穿刺后无液体流出。冠褪色或苍白,多发于成年鸡。剖检腹腔有大量脂肪积存。

(4)肉鸡腹水综合征与鸡大肠杆菌病的鉴别:二者均有减食,毛粗乱,腹部膨大下垂(卵黄性腹膜炎)等临床症状。剖检均可见腹水混有纤维素,心包积液。但二者的区别在于:鸡大肠杆菌病是细菌性传染病,其病原为大肠杆菌,具有传染性。病鸡减食或废食,口渴,剧烈腹泻、粪呈黄白且混有血液（急性败血型）。发生于笼养蛋鸡,肛门附有蛋黄蛋白样物,排泄物中黏液性蛋白状物（卵黄性腹膜炎）。剖检可见纤维性心包炎、纤维性肝周炎、纤维性腹膜炎（急性败血型）。腹腔有大量卵黄,有腥臭,卵巢中卵泡变形、变色,广泛性腹膜炎,脏器互相粘连（卵黄性腹膜炎）。通过病原分离培养和生化试验镜检可确定大肠杆菌。

（5）肉鸡腹水综合征与鸡绿脓杆菌病的鉴别:二者均有减食,精神不振,腹部膨大、手压柔软,行走艰难,病后期呼吸困难等临床症状。但二者的区别在于:鸡绿脓杆菌病是细菌性传染病,其病原为绿脓杆菌,具有传染性。病鸡下痢呈黄白色水样,有时带血。跗跖关节肿胀,跛行,严重时不能站立。剖检可见颈部、脐部皮下呈黄绿色胶样浸润,肌肉有出血点和出血斑。肝肿大,呈土黄色、有淡黄色坏死灶。心冠脂肪出血和胶样浸润。心内、外膜有出血斑点。腺胃黏膜脱落,肌胃角质膜有出血斑。用肉汤培养液腹腔接种雏鸡 24 小时死亡,培养基菌落呈蓝绿色。

（6）肉鸡腹水综合征与鸡伤寒的鉴别:二者均有毛松乱,翅下垂,腹部膨大,如企鹅站立或走动（卵泡破裂引起腹膜炎）等临床症状。但二者的区别在于:鸡伤寒是细菌性传染病,其病原为沙门氏杆菌,具有传染性。病鸡冠苍白、皱缩,体温高（43～44 ℃）,排黄绿色稀粪,肛周粪污。剖检可见肝肿大,呈棕绿色或古铜色,肝、心、肌胃有灰白色坏死灶,用病料培养鉴定沙门氏菌。

【防治措施】

（1）目前对本病尚无理想的治疗方法,使用强心利尿药物对早期病鸡有一定的治疗效果。

（2）在冬季和早春养鸡,应加强鸡舍的通风换气,并防止慢性呼吸道病的发生。

（3）饲喂粉料,注意饲料中各种维生素和微量元素的给量,防止食盐及各种药物超量。

十、肉用仔鸡胸部囊肿

肉用仔鸡胸部囊肿是肉用仔鸡胸骨滑液囊发炎而形成的一种常见病,多发于 5 周龄以后,肉用仔鸡患病后直接影响胴体外观,降低其商品价值和食用价值。

【病因分析】 发生胸部囊肿的原因主要是由于肉用仔鸡生长快、体重大,喜伏卧、不爱活动,在胸羽尚未长好时,或发生软腿症伏地而行,胸部与板结或潮湿的垫料接触,或与笼摩擦刺激或挫伤,引起胸骨滑液囊发炎。

【临床症状】 患有轻度胸部囊肿的鸡。外观与健康鸡无明显差异。精神状态及食欲、饮欲无常,只是腹部龙骨(也称胸骨)处皮肤轻微水肿,面积一般不大。时间稍长,水肿液凝集成豆腐渣样白色块状物质。重症者,精神不振,体温升高,食欲减退,胸部囊肿面积较大。若囊肿部位被细菌感染,则水肿液由稀薄的淡黄色转变为浓稠的灰白色、红色或暗棕色。最后,病鸡由胸部囊肿转为败血症而死,一般死亡率较低。

【鉴别诊断】

(1)肉用仔鸡胸部囊肿与鸡葡萄球菌病的鉴别:二者均有精神不振,体温升高,食欲减退,胸部皮肤水肿等临床症状。但二者的区别在于:鸡葡萄球菌病是细菌性传染病,其病原为葡萄球菌,具有传染性。病鸡精神沉郁,缩颈闭眼,排灰白或黄绿色稀粪,大腿内侧皮下水肿、呈紫色或褐紫色,局部羽毛一拽即掉,破溃后流紫红或茶色液体。剖检可见胸骨处肌肉有出血斑或出血条纹,肝脾有白色坏死灶,腹腔脂肪、肌胃浆膜可见紫红色水肿或充血,肝脾涂片镜检可见多量葡萄球菌。

(2)肉用仔鸡胸部囊肿与鸡绿脓杆菌病的鉴别:二者均有精神不振,体温升高,食欲减退,胸部皮肤水肿等临床症状。但二者的区别在于:鸡绿脓杆菌病是细菌性传染病,其病原为绿脓杆菌,具有传染性。病鸡下痢呈黄白色水样,有时带血。跗趾关节肿胀,跛行,严重时不能站立。剖检可见颈部、脐部皮下呈黄绿色胶样浸润,肌肉有出血点和出血斑。肝肿大,呈土黄色、有淡黄色坏死灶。心冠脂肪出血和胶样浸润。心内、外膜有出血斑点。腺胃黏膜脱落,肌胃角质膜有出血斑。用肉汤培养液腹腔接种雏鸡 24 小时死亡,培养基菌落呈蓝绿色。

【防治措施】

(1)改进地面垫料或鸡笼底网的结构和材料,减少胸部的摩擦及挫伤。地面平养,要用锯木屑、稻草、砻糠等作垫料,并有一定的厚度(5~10 厘米),同时还要经常松动垫料,以防板结,保持垫料的干燥、松软。对于笼养或网养,可改进底网结构和材料,加一层富有弹性、柔软性较好的尼龙或塑料网片,防止胸部与金属网或硬质网摩擦,这对降低胸部囊肿发病率和减轻病症作用很大。

(2)配合日粮要保证肉用仔鸡的营养需要。日粮中要有足够的维生素 A、维生素 D 及钙、磷等物质,使鸡的骨骼发育良好,减少腿部疾病的发生,不伏地而行,即可控制本病。

(3)加强日常管理,改善环境条件。保持鸡舍清洁卫生,通风良好,温、湿度适宜。适当增加鸡群的活动量,减少伏卧时间,即可增加饲喂次数,定时趟圈,促使鸡群活动,减少发病机会。

(4)对严重病鸡,可将囊肿部及其周围清洗消毒后,按外科手术处理,并隔离饲养,即可痊愈。

十一、应激综合征

鸡的应激综合征又称鸡惊恐症,是指鸡只受到频繁而短暂的急剧刺激后所表现出来的功能障碍,多发生于育成阶段的蛋鸡。其特征为极端神经质、惊恐及间歇惊群。

【病因分析】　在养鸡生产中,导致鸡群应激的因素较多,一般来说,主要有以下几个方面。

(1)环境因素:温度、湿度、光照、噪音以及有害气体均可导致鸡群应激,如严寒或酷暑,温度、湿度的急剧改变,光照时间不适宜及突然的改变,氨气、二氧化碳等有害气体浓度增大,机器响声及怪声等噪音的影响等等。

(2)营养因素:饲料配合不当,营养成分不全面甚至缺乏,饲料中含有有毒成分,饲养期内饲料的改变,水质质量的差异等也可导致鸡群应激。

(3)管理因素:管理不善很容易导致本病的发生。如喂料方式和时间的突然改变,饲养密度过大,采食和饮水位置过小,限制饲养与强制换羽、断喙、断爪、截翅,接种疫苗或投药,传染病及其他疾病的发生等等因素,都是在饲养管理中常出现本病的原因。

【临床症状及病理变化】　患本病的鸡常表现乱飞,好像正在被肉食兽追逐攻击一样又跑又飞,并发出咯咯的怪叫声。体重减轻,产蛋量下降,产软壳蛋、无壳蛋,甚至换羽。由于发育不正常、生长停滞等原因,往往大批鸡被淘汰。

【防治措施】

(1)根据环境条件,从育雏阶段开始培养鸡群的适应性,例如使雏鸡适应各种声音,饲养员多与鸡群接触。此外,饲料营养要全面,不要经常捕捉鸡只。禁止陌生人进入鸡舍,鸡舍内的小气候要适合鸡的生理要求,千方百计要为鸡群创造安静而适宜的环境。

(2)当气候突然变化、防疫注射或其他干扰因素出现之前,最好在饲料中增加1%~3%蛋白质,添加适量的赖氨酸和多种维生素,以减少应激的发生。

(3)降低光照亮度,调整光色,蓝光可延迟鸡惊恐症的发生。

(4)出现症状要及时治疗,以盐酸氯丙嗪效果最佳,口服每千克体重1~2毫克。补给对神经系统有保护作用的烟酸和维生素

B_1 以及口服补液盐,均有一定的辅助治疗作用。

十二、脱　肛

【病因分析】　　蛋鸡的脱肛多发生于初产期或盛产期,并多见于高产鸡。其原因主要有以下几个方面。

(1)育成期运动不足,鸡体过肥。在育成期,饲粮中能量水平过高或上笼过早,运动不足,使母鸡体内脂肪沉积过多,鸡体过肥。由于耻骨间和下腹部的大量脂肪压近输卵管,阻塞产道,使输卵管肌肉过度紧张,每次产蛋都强力努责而造成脱肛。

(2)过早或过晚开产。母鸡过早开产,鸡体发育与性成熟不相适应,鸡体小,骨骼肌肉发育不良,难以维持产蛋。过晚开产,往往一开产就产大蛋,易因难产而脱肛。

(3)饲粮蛋白质供给过剩。母鸡开产后,产蛋率呈上升趋势,这一时期若喂饲大量的高蛋白饲料,使产蛋量剧增,蛋重加大或出现较多的双黄、三黄蛋,难产脱肛的发生率相应增加。

(4)饲粮中维生素 A 和维生素 E 缺乏。在盛产期,若维生素 A 或维生素 E 摄取不足,性激素分泌不平衡,输卵管及泄殖腔黏膜上通畅,产蛋时用力过度造成脱肛。

(5)光照不当或维生素 D 供给不足。过早的补充光照或无规律地延长光照时间,增加光照强度,造成母鸡过度兴奋,神经敏感,互相啄斗,提早产蛋或搅乱产蛋规律而引起难产脱肛。此外,在盛产期饲粮中钙质含量较高,若光照不足或维生素 D 缺乏,钙、磷比例不当,使饲粮中的钙不能充分吸收利用,剩余的钙沉积肠道,刺激肠黏膜发炎,排粪时强力努责造成脱肛。

(6)病理因素。输卵管与泄殖腔炎症、白痢、球虫病及腹腔肿瘤等均易引起母鸡脱肛。

(7)不利环境的影响。母鸡产蛋时受到外界环境的惊吓,有啄食癖的鸡趁产蛋鸡肛门外翻之际去啄其肛门,都可造成脱肛。

【临床症状】 脱肛初期,肛门周围的绒毛呈湿润状,有时肛门内流出白色或黄白色黏液,以后有 3~4 厘米的红色物脱出,鸡常作蹲伏产蛋姿势。时间稍久,脱出部分由红变绀,若不及时处理,可引起炎症,水肿、溃疡,并容易招致其他鸡啄食而引起死亡。

【防治措施】 加强鸡群的饲养管理,合理搭配饲料,适当控制光照时间和强度,适时进行断喙,保持环境稳定,以消除一切致病因素。

发现病鸡后应立即隔离,重症鸡大都愈后不良,没有治疗价值,应予淘汰。症状较轻的鸡,可用 1% 的高锰酸钾溶液将脱出部分洗净,然后涂上紫药水,撒敷消炎粉或土霉素粉,用手将其按揉复位。比较严重经上述方法整复无效的,可采用肛门胶皮筋烟包式缝合法缝合治疗,即病鸡减食或绝食两天,控制产蛋,然后在肛门周围用 0.1% 普鲁卡因注射液 5~10 毫升,分三四点封闭注射,再用一根 20~30 厘米的胶皮筋做缝合线(粗细以能穿过三棱缝合针的针孔为宜),在肛门左右两侧皮肤上各缝合两针,将缝合线拉紧打结,三天后拆线即痊愈。

十三、肉仔鸡的腿病

【病因及临床症状】 肉用仔鸡经常发生各种各样的腿病,包括腿软无力、腿骨和关节变形、腿骨折断、关节和足底脓肿等,造成跛行、瘫痪。愈是增重迅速的高产品种,腿病发生的愈多。其原因有营养、管理、感染、遗传等多个方面,但根本的原因是肉用仔鸡躯体生长迅速,腿部的发育不能相应跟上,负担过重。对发生腿病的鸡,应及时挑出,另用一间鸡舍饲养,精心照料,待其体重达到可以屠宰时再处理,以减少损失。

【防治措施】 一般来说,对本病没有什么有效的治疗方法,生产中只能采取一些综合性措施,以减少发病。

(1)在 3 ~ 4 周龄以内,饲养目标应当是长好骨架,使体质健康,这段时期要适当控制饲料的能量水平。不能使鸡体内蓄积过多的脂肪,不要超过该品种的标准体重,在 4 周龄以后再加速育肥,促进尽快增重。

(2)饲料中各种矿物质必须充足而不过量,各种维生素要充足有余。特别要防止钙、锰缺乏,磷过量,以及维生素 D、维生素 B_2 及生物素缺乏。肉用仔鸡完全在室内饲养,见不到阳光,自身合成维生素 D 很少,容易缺乏,而维生素 D 对防止腿病又至关重要,因而饲料中多种维生素应适当偏多,还可以另外添加一些维生素 A、维生素 D_3 粉。微量元素添加剂要选用优质产品,必要时可于每 50 千克饲料中另外添加 10 克硫酸锰。如果饲料中配入油脂、油渣、肉渣等,务必新鲜、腐败变质会破坏生物素,引起腿骨粗短等症状。

(3)饲养密度不宜过大,体重在 1 千克以上的每平方米不超过 12 只,使鸡有一定的运动量。

(4)垫草要保持干燥、松软,防止潮湿、板结。

(5)注意对大肠杆菌病、葡萄球菌病及其他腿脚部感染的预防。

(6)舍内保持安静,防止惊群,尽可能避免捉鸡,必须捉鸡时动作要轻。

(7)前期温度偏低,鸡群受冷,会在后期发生腿病,也需要加以注意。

十四、啄 癖

啄癖是鸡群中的一种异常行为,常见的有啄肛癖、啄趾癖、啄羽癖、食蛋癖和异食癖等,危害严重的是啄肛癖。

【病因分析】　引起鸡啄癖的因素主要有以下几个方面。

(1)营养缺乏。日粮中缺乏蛋白质或某些必需氨基酸;钙、磷含量不足或比例失调;缺乏食盐或其他矿物质微量元素;缺少某些维生素;饮水缺乏;日粮大容积性饲料不足,鸡无饱腹感。

(2)环境条件差。鸡舍内温度、湿度不适宜,地面潮湿污秽、通风不良,光照紊乱,光线过强;鸡群密集、拥挤;经常停电或突然受到噪音干扰。

(3)管理不当。不同品种、不同日龄、不同强弱的鸡混群饲养;饲养人员不固定,动作粗暴;饲料突然变换;饲喂不定时、不定量;鸡群缺乏运动;捡蛋不勤,特别是没有及时清除破蛋。

(4)疾病。鸡有体外寄生虫病,如鸡虱、蜱、螨等;体表皮肤创伤、出血、炎症;母鸡脱肛。

【临床症状】

(1)啄肛癖:成、幼鸡均可发生,而育雏期的幼鸡多发。表现为一群鸡追啄某一只鸡的肛门,造成其肛门受伤出血,严重者直肠或全部肠子脱出被食光。

(2)啄趾癖:多发生于雏鸡,它们之间相互啄食脚趾而引起出血和跛行,严重者脚趾被啄断。

(3)啄羽癖:也叫食羽癖,多发生于产蛋在盛期和换羽期,表现为鸡相互啄食羽毛,情况严重时,有的鸡背上羽毛全部被啄光,甚至有的鸡被啄伤致死。

(4)食蛋癖:多发生于平养鸡的产蛋盛期,常由软壳蛋被踩破或偶尔巢内可地面打破一个蛋开始。表现为鸡群中某一只鸡刚产下蛋,就相互争啄鸡蛋。

(5)异食癖:表现为群鸡争食某些不能吃的东西,如砖石、稻草、石灰、羽毛、破布、废纸、粪便等。

【防治措施】

(1)合理配合饲粮:饲料要多样化,搭配要合理。最好根据鸡的年龄和生理特点,给予全价日粮,保证蛋白质和必需氨基酸(尤其是蛋氨酸和色氨酸)、矿物质、微量元素及维生素(尤其是维生素 A 和烟酸)的供给,在母鸡产蛋高峰期,要注意钙、磷饲料的补充,使日粮中钙的含量达到 3.25%~3.75%,钙磷比例为 6∶5∶1。

(2)改善饲养管理条件:鸡舍内要保持温度、湿度适宜,通风良好,光线不能太强。做好清洁卫生工作,保持地面干燥。环境要稳定,尽量减少噪音干扰,防止鸡群受惊。饲养密度不能过大,不同品种、不同日龄、不同强弱的鸡要分群饲养。更换饲料要逐步进行,最好有 1 周的过渡时间。喂食要定时定量,并充分供给饮水,平养鸡舍内要有足够的产蛋箱,放置要合理,定时捡蛋。

(3)适当运动:在鸡舍或运动场内设置砂浴池,或悬挂青饲料,借以增加鸡群的活动时间,减少相互啄食的机会。

(4)食盐疗法:在饲料中增加 1.5%~2.0% 的食盐,连续喂3~5 天,啄癖可逐渐减轻及至消失。但不能长时期饲喂,以防食盐中毒。

(5)生石膏疗法:食羽癖多由于饲粮中硫酸钙不足所致,可在饲粮中加入生石膏粉,每只鸡每天 1~3 克,疗效很好。

(6)遮暗法:患有严重啄癖的鸡群,其鸡舍内光线要遮暗,使鸡能看到食物和饮水即可,必要时可采用红光灯照明。

(7)断喙:对雏鸡或成年鸡进行断喙,可有效地防止啄癖的发生。

(8)病鸡处理:被啄伤的鸡要立即挑出,并对伤处用 2% 龙胆紫溶液涂擦后隔离饲养。对患有啄癖的鸡要单独饲养,严重者应予淘汰,以免扩大危害。由寄生虫、外伤、脱肛引起的相互啄食,应将病鸡隔离治疗。